内向性格影响力

「推开心理咨询室的门」编写组 编著

中国纺织出版社有限公司

内 容 提 要

生活中，我们常常将人的性格分为内向和外向。与外向者相比，内向者总是胆小害羞、默默无语、低头行走，他们不被理解、认可和赏识，他们渴望交际却不得要领……每个内向者都要剖析、认识、接纳自我，增强自信，才能找到快乐、实现幸福。

本书从内向者的性格特征谈起，让内向者更多地了解自己，学会如何顺应性情，而不是与它针锋相对，并充分挖掘自己的潜能，实现自我突破和成长，从而实现自己的价值。

图书在版编目（CIP）数据

内向性格影响力 / "推开心理咨询室的门"编写组编著. -- 北京：中国纺织出版社有限公司，2024.6
ISBN 978-7-5229-1555-5

Ⅰ.①内… Ⅱ.①推… Ⅲ.①性格—通俗读物 Ⅳ.①B848.6-49

中国国家版本馆CIP数据核字（2024）第055564号

责任编辑：柳华君　　责任校对：王花妮　　责任印制：储志伟

中国纺织出版社有限公司出版发行
地址：北京市朝阳区百子湾东里A407号楼　邮政编码：100124
销售电话：010—67004422　传真：010—87155801
http://www.c-textilep.com
中国纺织出版社天猫旗舰店
官方微博 http://weibo.com/2119887771
天津千鹤文化传播有限公司印刷　各地新华书店经销
2024年6月第1版第1次印刷
开本：880×1230　1/32　印张：7
字数：120千字　定价：49.80元

凡购本书，如有缺页、倒页、脱页，由本社图书营销中心调换

前言

生活中，我们常提到"性格"一词，并且会评价他人是什么性格。其实"性格"一词并不是"时尚产物"，而是由来已久的。那么，什么是性格呢？顾名思义，性格就是人的性情品格，即人对现实的态度和相应的行为方式中的比较稳定的、具有核心意义的个性心理特征。性格一经形成便比较稳定，但是并非一成不变，而是可塑的。性格不同于气质，更多体现了人格的社会属性，个体之间人格差异的核心是性格的差异。

关于性格，荣格早就对其进行了划分：内倾和外倾，即我们所说的内向和外向。在大众的眼中，外向者不拘小节、心直口快、积极乐观、为人大方、热情，而内向者内敛、沉稳、踏实、深思熟虑。因此，在大多数人看来，似乎只有外向者才能成大事。然而，只要你稍加留意，就会发现，那些政界、科学界、文化界的成功者，有很多内向者的身影。因为内向者较外向者更沉稳内敛，思维更敏捷，更具有敏锐的观察力，也更能静下心来谋取成功。

当然，内向者性格中也有劣势的部分，由于自我封闭，大多数内向者很难走出狭小的圈子。人际交往不主动、抗挫折能力差、遇事消极等，这些都是需要内向者自我克服的。

要知道，性格中的优点和缺点，就像一个硬币的两面，它们是相互依存并相辅相成的，谁也不可能脱离对方而存在。因此，一个人只有看清楚自己性格的优点，明白自己性格的缺点，合理利用优势，不断完善劣势，才能取得成功，收获幸福人生。

艾伦·伯斯汀曾说："我没有病，只是内向而已，发现独处并不孤独，这是多么惊喜呀！"因此，对内向者来说，成功其实很简单，你并不需要羡慕外向者，更不需要把自己变成外向者，你只需要发挥自己独特的性格优势、展示自己的性格魅力，并积极改正性格劣势的部分。

内向者需要一本引导他们实现自我成长的指导用书，而本书就是这样一本剖析内向者的心理特征，帮助内向者全面认识自我的书。内向者完全可以通过发挥积极性，主动地完善自我，最终通过发挥自己的潜能来获得成功，本书从各个角度阐述了这一观点。本书注重实用性和操作性，给内向者提出了很多实用的建议，能够帮助他们更好地学习、工作和生活。

编著者
2023年10月

目录

第01章
交际内向者：学会大方待人接物，才更受欢迎 ◎ 001

内向者如何搭建自己的人脉王国 / 002
内向者，勇敢甩开爱面子的包袱 / 006
内向的"老好人"，"不"字总是说不出口 / 009
三招破解你所有的不好意思 / 013
放下架子，送礼是人之常情 / 016
承认错误会带来惊喜 / 019

第02章
总是吃亏的内向者：要冲破困住心灵的枷锁 ◎ 023

羞怯，让内向者无法充分表达自己的情感 / 024
自卑，是内向者的通病 / 029
猜疑，内向者总是人为地制造交往的阻力 / 033
焦点，内向者更害怕自己成为人群关注的中心 / 038
孤僻，让内向者总是离群索居 / 040

第03章
立即行动：内向者要有分秒必争的行动力 ◎ 045

知行合一，行动之前要思考 / 046

想做就做，为什么不呢 / 049

做事果断，别总是思前想后 / 053

与其坐而言，不如起而行 / 056

与其抱怨，不如积极行动 / 059

别总把忙和没时间当借口 / 062

第04章
职场内向者：你为什么总是不被赏识与重用 ◎ 067

为什么你在职场不被赏识 / 068

认真工作，但也要懂得展现自我 / 071

警惕羊群效应，大胆说出你的想法 / 074

面对虚伪的同事，别被当成软柿子 / 078

升职加薪，需要了解这些"职场规则" / 082

职场倦怠，如何调整自我 / 084

第05章
大方展示自己：害羞的内向者如何突破自我设限的不足 ◎ 089

沉默，有时候并不是"金" / 090

日常社交，要敢于打招呼 / 092

告别羞怯，内向者要学会大方待人接物 / 096

不惧改变，开启新生活 / 100

越羞于拒绝，你越无法拒绝 / 103

第06章

情感内向者："爱"字如何才能大方说出口 ◎ 109

感情世界里，内向者要有洒脱的胸怀 / 110
家庭的温暖能够治愈孤僻的孩子 / 113
甜言蜜语，内向者不要羞于表达爱 / 116
内向者也要对父母大胆表达爱 / 118
性格内向，也要大胆表达爱 / 122

第07章

别做逃避现实的胆小鬼：越是胆怯，越是恐惧 ◎ 127

内心胆怯，才会唯唯诺诺 / 128
从第一次公开讲话开始克服你内心的恐惧 / 131
你为什么总是如此恐惧 / 135
先放松身体，心情才能放松下来 / 138
内向者普遍患有社交恐惧症 / 141
开口微笑，缓解你内心的紧张 / 144

第08章

自我激励：内向者要相信和勇敢证明自己 ◎ 149

相信自己，没什么不可能 / 150
不惧失败，勇敢创业 / 153
内向者总是畏首畏尾，如何做成大事 / 155
越是平凡，越要努力 / 159

逼自己一把，才知道自己有多优秀 / 162
与自己比较，不断超越自我 / 165

第09章
超越自卑：内向者要打开内心自信的大门 ◎ 169

扬长避短，让兴趣引爆你的特长 / 170
欣赏自己，你是独一无二的 / 174
你为什么总是妄自菲薄 / 177
瑕不掩瑜，有不足也同样有潜力 / 180
坚持自我，你不可能让所有人满意 / 185
积极阳光，别让悲观蒙住你的双眼 / 188

第10章
独立思考：当你学会拥抱孤独，世界也会拥抱着你 ◎ 193

因为不够孤独，你离优秀还差一步 / 194
战胜孤独，在孤独中成就自我 / 198
潇洒于世，孤独是一种常态 / 200
内向者享受孤独，在孤独中成为你自己 / 203
忍住那些孤独时刻，你终能成就自己 / 205
伟大的成就都来自孤独的坚守 / 209

参考文献 ◎ 213

第01章

交际内向者：学会大方待人接物，才更受欢迎

在日常交际中，内向者的言行总是表现得十分拘谨，一方面在于他们担心自己会做错什么，另一方面在于他们不好意思表露自己。因为拘谨，往往无法更好地展现自己；因为拘谨，往往无法赢得对方的好感。

内向者如何搭建自己的人脉王国

在生活中,我们总会遇到很多陌生人,与他们有着或亲或疏的关系,千万不要不好意思与陌生人做朋友,因为任何一个朋友都是从陌生人发展而来的。通常情况下,我们为了工作、生活,不可能永远局限于自己狭窄的交际圈里,必须不断地拓展自己的交际圈,结识更多的新朋友,扩大自己的人际关系,储备自己的人脉资源。这对于每个人来说,都是必不可少的交际过程。因此,我们每天面对众多的陌生人,他们之中就有我们需要结识的新朋友,他们就是我们即将拓展的交际圈中的一员。

小张是公司采购部的调查员,这次他被委派到乡下调查村民的蘑菇收成情况。由于当天他处理的事情有点儿多,没赶上最后一趟班车,而这个地方离镇上的招待所又很远,所以他不得不就近找一户人家投宿。但是他一连问了好几家,都被主人婉言拒绝了。对此,小张倒也能理解,毕竟谁也不愿意留一个陌生人在家里住宿。可是,天越来越黑了,小张决定再碰碰运气。

当小张再次敲开一户农家的门时,开门的是一位老大爷,只见他一脸戒备地问道:"你是谁?你有什么事吗?"

这次，小张并没有直接说自己想借宿，而是说："大爷，我听闻这个村子里有几个种蘑菇的能手，听说他们对蘑菇的研究比专业的研究人员还厉害，我是公司采购部的调查员，准备调查一下他们的蘑菇收成情况，但是不知道他们住在哪里，所以向您打听一下。"

那位老大爷听了小张的话，脸上的神情立即缓和了下来："小伙子，你进来慢慢说吧，这天都黑了，外面黑灯瞎火的，你怎么还赶路呢？"

小张连忙道谢，跟随老大爷一起进了屋，小张看了看老大爷的屋里，不经意发现了很多晒干的蘑菇。小张走上前去，拿了一朵蘑菇放在手里观察，发现被晒干的蘑菇，色泽鲜亮，异常饱满，不禁问道："大爷，您可真会种蘑菇啊！您就是村里几个能手之一吧！"

老大爷听了，乐呵呵地说："你还别说，我没有其他什么好说的，这辈子就数种蘑菇有了点成绩。"

小张不禁向老大爷竖起了大拇指："这已经是很了不起的成绩了，那您种这种蘑菇有什么讲究吗？"

这个问题打开了老大爷的话匣子，一老一少就种蘑菇的话题说开了。当然，那天晚上小张就顺理成章地住在了老大爷的家里。

小张并没有直接说出自己想借宿的意思，但是他希望借宿的目的却达到了。他用老大爷引以为豪的种蘑菇作为话题的切入点，迅速把双方之间的感情距离缩短了。

与陌生人交流，如果处理得好，可以一见如故，相见恨晚；如果处理不当，就会导致四目相对，局促无言。因此，我们在与陌生人交往的时候，最关键的就是消除对方心里的陌生感。那么，怎么消除对方心里的陌生感呢？这就需要掌握以下几个可行的技巧和方法。

1. 顺势取材

据说，在西方很多国家见面打招呼的第一句话就是"今天天气怎么样"。这样的场面话当然不错，但是如果你不考虑时间、地点，只一味地谈论天气则会显得有些滑稽。最好是结合周围的环境，顺势取材，随机应变。例如，对方第一次邀请你去他家玩，你不妨就他们家的装修、室内设计进行赞美，"这房间设计得真不错"！对方可能会自豪地说，"这都是我的主意"。其实，这样的谈话并没有多少实质性的内容，主要是为了消除彼此的陌生感，使双方之间的气氛融洽。

2. 善意的微笑

陌生人之间第一次见面，必然想要给彼此留下极为深刻的印象。如果你能在陌生人面前露出善意的微笑，那无疑会为你增添不少魅力。每个人在面对陌生人时，多多少少会有一种防备心理，不愿意向对方敞开心扉。但是，微笑是打开对方心扉的"钥匙"，即便是一个再冷漠的人，他对你的微笑也是没有任何戒备心理的。因为，微笑不仅没有攻击性，还是一种友好的表达方式。

3. 适当地提问

我们在与陌生人见面时，免不了要进行语言上的沟通，除了倾听对方的谈话外，我们还需要适当地提问，激起对方谈话的欲望。提问是引导话题、展开谈话或话题的一个好方法。提问有三个作用：一是通过提问来了解自己不熟悉的情况；二是将对方的思路引导到某个要点上；三是打破冷场，避免僵局。

当然，提问也是需要技巧的，要避开一些对方难以应对的问题，如超乎对方知识水平的问题、对方难以启齿的隐私等。还需要注意提问的方式，不能像查户口一样机械性地提问，你可以适当地问："你这次到北京有什么新的感触"，这样才能激起对方谈话的欲望。如果你向对方提问，对方不愿意回答或者回答不上来，那么你要迅速转换话题，化解尴尬的气氛。

◆ 心理启示

如何与一个陌生人交朋友呢？最为关键的一步就是要消除彼此之间的陌生感，使对方产生亲切感，对你失去戒备心理，自愿与你建立良好的人际关系。

内向者，勇敢甩开爱面子的包袱

俗话说："人争一口气，佛争一炷香。"在一些内向者的眼里，面子是非常重要的，它总是与一个人的人格、自尊、荣誉、威信、影响、体面等联系在一起。当一个人的面子受到损害时，他就会下不来台，就会生气。因为爱面子，也怕丢面子，因此有些人总是千方百计地维护自己的面子，而正是在这一过程中，他们失去了很多更加有价值的东西。"死要面子活受罪"说的就是这种情况。

对于那些死要面子的人，真正到了自己的正当利益受到损害或面临威胁时，却因为害怕丢面子，不敢站出来据理力争，最后只能看着本该属于自己的那份利益被他人拿走，可谓是哑巴吃黄连——有苦说不出。

鲁迅在《"要面子"与"不要脸"》这篇文章里面说，"要面子"与"不要脸"实在也有很难分辨的时候。例如，一个绅士，叫他四大人吧，有钱有势，人们都以能和他攀谈为荣。有一个专爱夸耀自己的叫花子，有一天突然高兴地对大家说："四大人和我说话了！"大家既惊奇，又羡慕，问他："说了什么呢？"叫花子回答说："我站在他门口，四大人出来了，对我说：'滚开去！'"所以，有些自以为有了面子的人，实际上是"不要脸"的人。在生活中我们要时时提醒自己，看看自己是否要了不该要的面子。

有个书生家里很穷，却很爱面子。一天晚上，小偷来到他家中，一番搜寻之后，却没有发现值得一偷的东西，便跺脚叹道："晦气，我算碰到了真正的穷鬼！"书生听了，赶紧从床头摸出仅有的几文钱，塞给小偷，说："您来得不巧，请您就把这点钱带上。但在他人面前，希望您不要张扬，给我留点面子啊！"

这个书生就是一个爱慕虚荣的人，其实这样的人在生活中有很多。这些都是自己的虚荣心在作怪。无论处在人生的哪个阶段，无论处于什么样的境地，都要警惕自己的虚荣心。

齐国有一个人，娶了两个老婆。这个齐国人很爱面子，经常在两个老婆面前炫耀自己在外面跟大人物来往。他常常喝得醉醺醺地回家。大老婆问他："你跟什么人喝酒？"他得意扬扬地回答："都是些有钱有势的大官人！"

大老婆便告诉小老婆，说："丈夫外出，总是饭饱酒醉后回来，问他同一些什么人吃喝，他说全都是一些有钱有势的人，但是，我从来没有见过什么显贵人物到我们家来，我准备偷偷地跟踪他，看他究竟到了些什么地方。"

第二天清早起来，大老婆便偷偷地跟在丈夫后面，走了很久，几乎走遍了全城，也没发现有任何显贵的人物同她丈夫说话。最后，来到了东郊外的墓地，看见丈夫走向一些祭扫坟墓的人，讨些残菜剩饭；此处不够，又东张西望地跑到别处去乞讨。

大老婆回到家里，便把情况告诉小老婆，悲痛地说："丈夫是我们仰望而终身倚靠的人，现在他竟然这样欺骗我们，我们还有什么指望呢！"两人便在家里一起哭起来，咒骂着自己的丈夫。但丈夫还不知道，高高兴兴地从外面回来，又向他的两个老婆摆起威风来。

或许有人说，男子汉大丈夫，怎么可以不要面子呢？那么到底什么是面子呢？难道大丈夫的面子就是在妻儿面前发号施令、颐指气使？难道大丈夫的风度就是当众喝酒赌博、狂言乱语的样子？俗话说得好："大丈夫能屈能伸。"假如大丈夫连一点小事都觉得丢了面子，那他还算是一个大丈夫吗？

聪明的人在遇到面子问题时会遵循以下两个原则。

1. 不要为了面子把自己逼疯

在生活中，有的人原本很穷，却死要面子，勒紧裤腰带，与人比阔；有的人，为要面子，四处吹嘘自己怎么"有能耐""能办事"，无限夸大自己所谓的"后台"是如何"硬"；也有的人明明意外成功，自己明明"喜出望外"，激动异常，却死要面子，假装深沉，装作没事一样。其实，很多事情是可以把自己逼疯的。对于那些爱面子的人，他们总是采取一种务虚而不务实的态度，把面子放在绝对不可动摇的位置，自动承受由此带来的利益上的巨大损失。

2. 不要得了面子，丢了里子

面子是表面的，是虚浮的，要面子就是虚荣心的表现。里子是深层的，是实实在在的。面子华而不实，里子却是表里如一。里子真实的人，虽然没有外表美，但是却有内心美，最终会得到人们的理解和尊重。一个人假如没有灵魂，那么这具躯壳还有什么用。

> **心理启示**
>
> 在对待面子的这个问题上，我们一定要学会放下，面子既不能不要，也不能死要面子，让自己活受罪。但面子应该留多少，什么样的面子值得维护，什么样的面子该舍弃，一定要把握好这个度。否则，自认为要了面子，而其实往往就是丢了面子，丢了面子还算是小事，如果是让自己白白吃了哑巴亏就太不划算了。

内向的"老好人"，"不"字总是说不出口

在生活中，许多内向者总是被人们贴上"老好人"的标签。"老好人"是人们对一个人人格的赞许，因为他们对别人总是有求必应，哪怕自己会因此感到痛苦，他们也不会拒绝。

有一个典型案例：

王女士的亲友有问题就爱向她求助，一个侄女每天给她打电话，声泪俱下地控诉丈夫，而且一说就是数小时。王女士

的其他朋友也是遇到问题就找她帮忙，她从来都不知该如何拒绝。私下里，王女士说，她已经身心俱疲了。有一次，一位同事向她倾诉，她放下自己的事情安慰同事。"我当时真想让她闭嘴或滚走开，但不知如何开口。"

人们不懂拒绝的原因其实是取悦别人，当然，这些人的心态存在逻辑上的缺陷和错误。一旦拒绝了对方，无法取悦对方，他们就会产生沮丧、焦虑、自责和内疚等消极情感，结果自己就会在适得其反的紧张循环中难以自拔。

2001年，布莱柯的《讨好的毛病：治疗讨好他人的综合症》一经问世，如同一颗重磅炸弹在美国社会中引起强烈的反响，不但一下子成为畅销书，而且在著名电视主持人奥普拉·温弗瑞的电视节目中成为讨论的专题，直到今天，这依然是一个大众心理学不可错过的话题。

在书中，布莱柯认为，一心当好人原来并非没有问题，而是一种有害的心理疾病，它源自"好人"对自己个体价值的信心匮乏，渴望用对他人做好事来赢得外界的肯定与赞美，这样的渴望一旦成为心理定势，就会严重降低行为者的判断力和自控力，成为一种习惯和依赖。

快来测一测，你是否是老好人吧！

请根据自己的真实情况，进行一次"体验"，请回答"是"或"否"。

A. 与其协商分歧之处，我更愿意强调我们的共同之处。

B. 在解决问题的过程中，我试图找到一个妥协性的解决方法。

C. 我会努力缓和他人的情感，从而维持我们的关系。

D. 我有时会牺牲自己的利益，而成全他人的愿望。

E. 为避免不利的紧张状态，我会做一些必要的努力。

F. 我试图推迟对问题的处理，使自己有时间做一番周全的考虑。

G. 我试图不伤害对方的情感。

H. 感到意见分歧总是令我担心。

I. 我会以放弃某些目标作为交换，来获得其他的目标。

J. 我避免站在可能产生矛盾的立场。

如果你的回答中"是"超过半数，你就是个十足的老好人。

如港剧中的台词，安慰别人时说："做人呢，最重要的是开心"，遇到别人吵架时，来一句"都别吵了，喝碗糖水先"等，你善于缓和气氛，也会没原则地和稀泥。你缺乏创造力，工作效率不高，生活中没有特别偏激的观点，也不喜欢处处与人交恶，总是一副"温良恭俭让"的低调姿态。

在美国，有一个叫"好人综合征"的说法，所谓的"好人"，是那些对别人十分亲切友善、特别好说话、有求必应、想方设法帮助别人、从来不考虑自己，并以此为荣的人。对这些所谓的"好人"而言，当好人不但是一种习惯或行为方式，而且更是一种与他人建立的特殊人际关系。"老好人"所做的都是对别人有利，讨别人喜欢的事情，所以他们都收到了别人颁发的"好人卡"。实际上，接受"好人"助人为乐行为的其他人，都有意无意带有自私的目的，但"老好人"却乐在其中，甚至并不觉得自己这样做有什么问题。

"老好人"一般都存在以下问题。

1. "老好人"是一种行为偏差

"老好人"是一种行为偏差，严重时可引发生活或工作危机。"老好人"通常都是很普通的职员，他们工作十分努力，但成就却相当有限，于是，做好事成为他们博得他人另眼相待或赞扬的补偿方式。这样的人通常在家庭或家庭关系中可能有所欠缺，如童年得不到父母或兄弟姐妹的关爱，这会使他们更加在意关系疏远者对自己的好感，不惜为之付出自己的百倍努力，甚至也有人对家人态度恶劣，对外人特别和蔼可亲。

2. 缺乏健康界限

"老好人"做派，往往会带给身边人困扰，甚至给他们带来跟着受罪的感觉，而且"老好人"的亲疏不辨还会给家人带来伤害。对此，心理学家指出，一个人要保持健康的心理，有合乎常理的行为，就必须保持一定的"健康界线"。也就是说，每个人都生活在某种身体、情感和思想的健康界线内，这个界线帮助他判断和决定谁可以接纳，接纳到什么程度；为谁可以付出什么，付出到什么程度等。

3. 有时候会带来坏情绪

有时候,"老好人"的思想意识会给人带来负面情绪。例如,当朋友需要你帮助,或者要求你周末陪她逛街,如果你做不到,就会感到内疚;假如领导需要你在工作时间做一些烦琐的事情,你若做不到,则很可能会担心领导不高兴。

> **心理启示**
>
> "老好人"要学会控制自己的思想,毕竟总想取悦对方的心态是不正常的。"老好人"思想会促使自己为取悦于人的习惯找理由,从而让这些习惯根深蒂固。甚至,这样的思想还会纵容自己继续逃避及产生可怕的情感。

三招破解你所有的不好意思

生活中,总有那么一群不好意思的人:不好意思打招呼,不好意思作自我介绍,不好意思赞美,不好意思批评,不好意思请功,不好意思催账……他们在人前总会不好意思,但真正到了独处的时候,便会抱怨自己"那天明明应该说几句话的""都是内向性格造成的,害得自己白白错失了一个好机会"。尤其是在与陌生人交流的时候,这种不好意思表现得更甚,使人非常窘迫。而事实上,从对方的心理角度来看，人们在与陌生人交往的过程中，都希望对方能主动打破尴尬。总是显得不好意思，其实都是内向性格的原因。因此，我们要想攻破陌生人的心理防线，就要懂得应该与陌生人聊什么。

迈克是一家外企公司的人力资源经理，他招收了一批新员工。但让他感到不解的是：这些员工们在应聘时一个个都是侃侃而谈，对考官的各种提问都对答如流，可是进入公司后，很多人不善言谈的弱点便"原形毕露"，即便让他们说些迎言送语式的话，也是面红耳赤，羞涩得不得了。后来，迈克就主动找他们谈话，问他们是不是对新环境感到不适应，他们大多低着头，小声嘟囔："不习惯和陌生人说话。"倒是其中有一个人反问迈克："我也不知道该怎样做才能让自己融入集体。"

迈克笑了笑，随后问另一个把嘴闭得死死的新员工："你是不是每次跟人说话都很紧张？"他点头表示"是"。迈克说："你这是患了'语言怯生忧郁综合征'。"

恐怕很多人在陌生人面前都会出现这样的情况：因为怯生，所以舌头打结、语无伦次，越想把话说得尽善尽美，越是说得言不达意。

那么，我们该怎样说话，才能将话说到陌生人心里，从而让自己不再感到不好意思呢？为此，我们需要掌握以下几个要点。

1. 开门见山

如果你经人介绍和一群陌生人认识，你不了解他们，他们也不了解你，你的心跳会不会突然加快，不知道如何是好？

很多人在这时候便会不好意思，甚至希望简单的自我介绍也省去。但事实上，社交就是这样，第一次陌生，第二次就熟悉了。跟陌生人认识，最简单的莫过于打招呼，"大家好，我是某某"，一个简单的介绍就行了。当然，对于那种想要在陌生人面前留下深刻印象的人，则需要讲究点策略，如"我就说三句话。一句是……一句是……最后一句是……谢谢大家"。

2. 问话探路

当然，介绍完自己，还需要适时询问一下对方是什么样的情况。例如，"你也是这个学校的吗""看起来有些眼熟，你经常去图书馆吗""听说你是山东人，我也是，请问你是山东哪里的？"当然，所选择的问题需要找准对方的问题点，才能适时提问，也不至于引起对方的反感。

3. 抓住细节

和一个陌生人初识，有时只需抓住对方工作或生活的某个细节，就会很顺利地叩开对方的心门，激发彼此交流的欲望。

仔细观察一下你身边的陌生人，看看他们是否有比较特别的地方，如对方使用的手机款式让你非常青睐，对方的耳环是不是很特别……谈论些细节很可能立刻吸引对方的兴趣。聊天的话题最好选择节奏感比较轻松明快的、无须费尽思量的，这样就不会让人对你的搭话产生反感。有时候，即使不说话，只需向对方报以会心的一笑，也会拉近彼此的距离。

心理启示

戴尔·卡耐基在他的《人性的弱点》中提到了人际关系的抑郁症。是什么导致抑郁？是怯生。而怯生的原因反过来归结于我们不懂得如何说出打破尴尬的话。当对方有意和你沟通时，无论对方的话是对是错，切忌否定对方，因为毕竟你们还不熟，一旦被否定，余下的沟通就很难继续，前面你所做的一切努力也会因此而徒劳。

放下架子，送礼是人之常情

相互馈赠礼物，是人类社会生活中不可缺少的交往内容。在日常生活中，我们常说"礼多人不怪"，拜访朋友带点东西，看望老人买点补品，逢年过节更是礼不断。其实，在反复送礼、回礼的过程中，你会发现礼物让彼此之间的距离更近了。

喜欢足球比赛的人都知道，在比赛开始之前，两队的队长都会交换礼物和队旗，然后说上两句友好的话才开始比赛。其中交换礼物和队旗，这既是彼此之间的尊重，也是连接友谊的纽带。如果在足球场上发生了不和谐的事情，双方队长也会看在先前的赠礼环节而妥善处理争端。由此可见，送礼已经成为避免冲突的方式之一。

三国演义中，关羽被曹操俘虏之后，由于曹操爱惜人才，不但没有杀他，而且还听从了谋士的话，将从吕布那里缴获的赤兔宝马送给了关羽，并且赐予关羽爵位。关羽在当时并没有被这些礼物打动，他依然想着投奔刘备，不惜过五关斩六将离开曹营。后来，曹操所赠送的那些礼物却派上了用场。在赤壁之战的时候，曹操兵败，落荒而逃，不料在华容道遇到被诸葛亮派往把守的关羽。此时，曹操身边只剩下几员大将和随从，早已是人困马乏，只要关羽一声令下，立即就会束手就擒。结果，关羽念在昔日曹操对自己的赐予之恩，便把他放走了。

或许，曹操也没想到自己当时送出的"笼络人心"之礼却挽救了自己的性命，曹操的礼物为自己投资了人情，而在曹操危难之际，关羽也正是看在人情上而放过了他。由此可见，礼物在人与人交流之间所起的作用。

王小姐在业务部待了3年，奔波劳累的生活令她十分疲倦，更令她感到烦躁的是，现在的客户越来越刁钻，往往说得嘴巴都麻木了，可对方还是不为所动。这不，她又被公司派遣到一家公司当说客,希望能够签下一份合同。王小姐疲惫地对上司说:"我会尽力的!"可是,谁知道结果呢?她在心中补充了一句。

在公司门口等了大半天,王小姐才见到了那位老总,一见面,王小姐觉得对方很面熟,但想不起在哪里见过。她摇了摇头,人家可是公司老总,怎么会认识我呢?在言谈中,那位自称是张总的女士十分热情,在了解了相关产品之后,她就主动拿出一份合同,双方拟定了条件,签下了合约。王小姐十分惊讶,没想到这么快就摆平了。会谈后,张总说:"快到中午了,咱们一起吃个饭吧。"王小姐有些受宠若惊,但还是答应了。

席间,张总微笑着说:"王娜,你认不出我了吗?"王小姐十分惊讶:"啊?您怎么认识我?"张总回答说:"我是张婷啊,高中的时候,咱们是同桌,你刚进办公室,我就认出你来了。""张婷?"王小姐脑海中浮现出一个农村女孩的样子,可是,这变化也太大了。张总继续说:"我记得在高中的时候,你对我特别好,我是一个穷人家的孩子,你却经常送我文具啊,书本啊那些礼物,当时,我就暗暗下决心,长大了要好好报答你。没想到,还真遇到了你,你还在跑业务吗?我公司正在招聘办公室主任,要不,你来我这里上班吧。"王小姐有些愣住了,没想到多年以前送出的礼物,今天却收到了丰厚的回报。

因为礼物而积攒下来的人情是珍贵的,这样的一份人情在办事时能够助我们一臂之力。的确，那些很多年以前送出的礼物，也同样会勾起对方的回忆，在某一天，它将以丰厚的回报来到我们身边。礼物，能增进彼此之间的感情，同时，也能为我们办事成功赢得几分概率。

> **心理启示**
>
> 《礼记·曲礼上》："礼尚往来，往而不来，非礼也；来而不往，亦非礼也。"这就是我们常说的礼尚往来，从礼物的不断流动中，我们可以看到，陌生人变成了熟人，熟人变成了朋友。在日常交际中，人与人之间来往的频繁度往往决定了两个人感情距离的远近程度，而礼物本身就是用来增加彼此之间的往来频率的。

承认错误会带来惊喜

内向者犯错，总不好意思承认错误，而是自己一个人闷着。有时候，我们有可能会说错话，有可能会做错事，这就难免会得罪他人，使原本和谐友好的人际关系产生裂痕。不过，在错误发生之后，如果我们能诚恳地致歉，主动说"对不起"，一般而言，我们是能够得到对方谅解的。假如我们发现自己错了，却不愿意道歉，甚至找借口为自己辩解，这样不仅得不到朋友的谅解，也使自己处于孤立无援的境地。我们来看下卡耐基是如何通过主动认错而收获意外之喜的吧！

从卡耐基家步行一分钟，就可以到达森林公园。因此，卡耐基常常带着一只叫雷斯的小猎狗到公园散步。因为他在公园里很少碰到人，又因为这条狗友善而不伤人，所以卡耐基常常不帮雷斯系狗链或戴口罩。

有一天，卡耐基在公园遛狗时遇见一位骑马的警察，警察严厉地说："你为什么让你的狗跑来跑去而不给它系上链子或戴上口罩？你难道不知道这是违法的吗？""是的，我知道。"卡耐基低声地说，"不过，我认为它不至于在这儿咬人。""你不认为！你不认为！法律是不管你怎么认为的。它可能在这里咬死松鼠，或咬伤小孩，这次我不追究，假如下次再被我碰上，你就必须去跟法官解释了。"警察再次提出了警告。

卡耐基的确照办了，可是，他的雷斯不喜欢戴口罩，他也不喜欢让它那样。一天下午，他和雷斯正在一座小坡上赛跑，突然，他看见那位警察正骑在一匹棕色的马上。卡耐基想，这下栽了！他决定不等警察开口就先发制人。他说："先生，这下你当场逮到我了。我有罪，你上星期警告过我，若是再带小狗出来而不给它戴口罩，你就要把我交给法官。""好说，好说。"警察回答的声调很柔和，"我知道在没有人的时候，谁都忍不住要带这样一条小狗出来溜达。""的确忍不住。"卡耐基说道，"但这是违法的。""哦，你大概把事情看得太严重了,"警察说,"我们这样吧,你只要让它跑过小山,到我看不到的地方,事情就算了。"

在这个案例中,卡耐基第二次遇到警察时先发制人,率先批评自己,言辞恳切地表示自己应该受到惩罚。出人意料的是,就在卡耐基一个劲地责备自己的时候,警察已经开始宽容他的过错。在生活中,如果我们免不了受到责备,为什么不自己先认错呢?至少,谴责自己总比挨别人批评好受得多,并且,更容易得到对方的谅解。

诚恳而巧妙的道歉,能够挽救人际危机,化解尴尬气氛,继而巩固关系,推进新的人际关系的发展。不过,道歉也是需要技巧的,下面我们就简单地列举以下几种。

1. 道歉用语

诚恳的道歉需要适宜的道歉用语,如"对不起""请原谅""很抱歉""请你转告王先生,就说我对不起他""对不起,是我的错""我错怪你了""不好意思,给你添麻烦了",等等。

2. 把握道歉的最佳时机

当你发现自己说错话或者做错事情的时候,就要及时道歉,道歉越及时越有效果,我们很难想象在几十年后才说"对不起"会发生什么事情。当然,道歉的最佳时机还应该选在双方都心平气和状态下,对方情绪比较好的时候,更容易接受你的道歉。

3. 先批评自己

道歉并不是等对方的责备已经来了再道歉,这时候你已经激起了对方的怒火,因此,我们需要先发制人,率先批评自己,这样对方就不好意思再责备你了,也会宽容地谅解你的错误言行。

心理启示

俗话说:"智者千虑,必有一失。"一个人再聪明,再能干,也会有犯错的时候。子贡曾说:"过也,人皆见之;更之,人皆仰之。"在日常生活中,我们都不可避免地会做错一些事情,其实,做错事情并不丢人,只要能够及时认识到错误并改正错误,即刻向对方诚恳地道歉,这样便能很好地化解矛盾,获得对方的好感。

第02章

总是吃亏的内向者：要冲破困住心灵的枷锁

你为什么总是吃亏？还是因为你太内向。内向的个性，导致你不能将自己的想法如实地以别人可以理解的语言和可接受的态度表达出来。所以，在人际交往、工作和家人相处中，内向者更容易吃亏。

羞怯，让内向者无法充分表达自己的情感

羞怯心理是一种正常的情绪反应，这种反应出现时，人体肾上腺素分泌增加，血液循环加速，这种反应会导致大脑中枢神经活动暂时紊乱，最后导致记忆发生故障，思维"混乱"。因此，羞怯的人经常在人际交往中出现语无伦次、举止失措的现象。羞怯的人会过分考虑自己给别人留下的印象，总是担心别人看不起自己，无论做什么事情，总会有一种自卑感，总是质疑自己的能力，过分夸大自己的缺点和不足，使自己长期处于消沉的状态之中。同时，由于羞怯心理的阻碍，内向者无法表达自己内心的真实情感。

克里斯多夫·迈洛拉汉是一位心理治疗专家，他曾接待过一位30岁的单身女来访者，女子极其害怕与人约会。后来在迈洛拉汉的建议下，她写下了与约会有关的一系列事情：接电话，安排出门，在约会时说什么，关于未来又谈些什么。在将事情整个思考一番之后，她发现自己最担忧的是一个她并不喜欢的男人会爱上自己，她担心一旦出现这样的情况，自己不知道该如何去拒绝他。于是，迈洛拉汉帮她出了个主意，告诉她如果不想再见到约会的那个人，她该怎么样说，一旦她有了这

样的准备，约会就变得轻松随意多了。

对此，迈洛拉汉总结说："记日记是一种简易而有效的方法，我们对自身的认识也许比我们自以为知道的更多，当我们用文字将我们的害怕和焦虑梳理一番时，自己也会为之惊讶。"

羞怯心理产生的原因，是因为神经活动过分敏感和后来形成的消极性自我防御机制。通常情况下，过于内向和抑郁气质的人，尤其是在大庭广众下不善于自我表露，自卑感较强和过分敏感的人也会由于太在意别人对自己的评价而显得畏首畏尾，表现得很不好意思，浑身不自在。

伯·卡登思提出这样一个词："社交侦察。"他说："假如你要参加一个晚会，最好事先弄清楚哪些人会参加，他们将说些什么，他们的兴趣是什么。假如你要参加一个商业会晤，就应尽可能地了解对方的背景资料。这样，当你与人交谈时，就有了更大的主动权。"例如，你可以先找一些与自己兴趣相同的人打交道，让他们帮助自己树立信心。

一位心理治疗专家曾帮助一名害怕与陌生人打交道的女士战胜羞怯。他先是了解到这名女士喜欢编织，于是，在这位心理治疗专家的建议下，这名女士报名参加了一个编织学习班，在那里，她可以兴致勃勃地与那些新认识的人一起讨论感兴趣的编织问题。渐渐地，她交上了不少朋友，并将自己的社交圈子拓展到班级之外。最后，她终于可以与人轻松相处了，即便在公众场合也很少羞怯。

在社交场合，常常会有这样的现象：有的人轻松自然，谈吐自如；有的人却手足无措，不知道怎么办才好，言谈举止都显得十分慌张。例如，第一次上讲台的教师或第一次当众演讲的人就有这样的体验：事先想好的话，一到台上就乱套了。

有人说："我从小就怕见到陌生人，在陌生人面前不知所措，从来不主动回答老师的提问，怕在众人面前说话，我今年30岁了，在异性面前就感到很紧张，很不自然，因此影响了我交女朋友，也影响了我与周围人的交往。请问，我这是属于一种什么心理障碍？"其实，这就是一种羞怯心理。

那么，如何才能克服自己的羞怯心理呢？

1. 增强自信心

在平时的生活中，我们应该善于发挥自己的优点和长处，千万不要为自己的缺点而难过，而要相信"天生我材必有用"，假如你只看到自己的缺点，就会越来越自卑、羞怯；假如你抬头挺胸，自己的智慧和能力就会得到最大限度的发挥。有了自信心，自然能消除羞怯的心理。

2. 不要怕被别人议论

分析那些害怕在公众场合讲话、羞于与人交往的人群，我们很容易发现，他们最怕得到来自别人的否定评价。这样越怕越羞，越羞越害怕，最终形成恶性循环。实际上，在社交活动中，被人评论属于正常现象，没有必要过分计较。有时候否定的评价还会成为激励自己不断前进的动力。美国前总统林肯在年轻时演说就曾被人轰下台,不过他并没有气馁,反而更加努力,最终成为一名演说家。

3. 进行自我暗示

每当到了公众场合,感觉很紧张的时候,就对自己说:"没什么可怕的,都是同样的人,不要怕。"通过自我暗示镇静情绪,那么,羞怯心理就会减少大半。万事开头难,只要我们第一句话说得确切自然,那随之而来的演讲就会顺理成章。

4. 大方与人交往

我们可以向经常见面但说话不多的人,如邮递员、售货员等问好,与人交往,尤其是与陌生人交往,要善于把紧张情绪收敛,尽可能使用一些平静、放松的语句,进行自我暗示,这样可以起到缓解紧张情绪、减轻心理负担的作用。

5. 讲究说话技巧

在平时的说话过程中,当我们感觉脸红的时候,不要试图用某种动作掩饰它,这样反而会让我们更加害羞,进一步增加了自己的羞怯心理。我们应该意识到,羞怯只是由于精神紧张,并非不能应付社交活动。

6. 说出自己的忧虑

心理学家建议羞怯者可以去找一些"可告的人"倾诉,如家人、朋友和心理医生,这些人可以善意地对待自己的羞怯而不会嘲笑自己,向他们倾诉自己心中的忧虑,这既可以让他们为你出谋划策，又可以帮助自己摆脱心理包袱。

7.设想最糟糕的情形

我们应该设想一下最糟糕的情形。例如，你害怕公众演讲，我们就设想一下这些问题："你对这次演讲最担心的是什么？""演讲失败，被大家笑话。""假如真的失败了，最糟糕的局面会是怎么样？""要么我跟他们一起笑，要么我以后再也不演讲了。"这样设想，最糟糕的结果也不过如此，并非一场不能接受的灾难，那有什么值得担心的呢？另外，大多数羞怯者普遍担心自己因紧张而出现的一些外部身体表现会被人笑话，如出汗、声音颤抖、脸红等，不过，这些担忧纯属多余，因为这些表现很少会被人注意到。

> **心理启示**
>
> 许多羞怯的人想摆脱羞怯，其结果却是越想摆脱，反而表现得越明显，逐渐形成一种恶性循环。所以，我们首先应该接纳羞怯心理，带着羞怯心理去做事，认识到羞怯只是生活的一部分，很多人都可能有这种体验，这样反而会让自己放松下来，克服羞怯心理。

自卑，是内向者的通病

自卑心理，用科学的语言可以解释为对自己缺乏一种正确的认识，在人际交往中缺乏自信，做事缺乏勇气，畏首畏尾，随声附和，没有自己的主见，一遇到问题就以为是自己不好，最后的结果是导致自己失去交往的勇气和信心。实际上，正是因为这样的自卑心理，会让自己失去展现自我价值的机会。

1981年4月，年仅45岁的杰克·韦尔奇成为美国通用电气公司历史上最年轻的董事长和CEO，他的成功离不开成长中逐渐培养的自信。

杰克·韦尔奇出生在一个典型的美国中产阶级家庭，父亲在铁路公司工作，每天早出晚归，因而，培养孩子的任务就主要落在了母亲的身上。与其他母亲不太一样的是，韦尔奇的母亲对韦尔奇的关心更主要体现在提升他的能力和意志上。母亲是一位非常有权威性的人，她总是让韦尔奇觉得自己什么都能干，教会了韦尔奇独立学习。每当韦尔奇的行为有所不妥，母亲总是以正面而有建设性的意见唤醒他，促使韦尔奇重新振作，母亲虽然说得不是很多，但总令韦尔奇心服口服。

母亲一直抱持着这样的理念：坦率地沟通、面对现实、主宰自己的命运。她将这三门非常重要的功课教给了韦尔奇，使得韦尔奇终身受益。母亲告诉韦尔奇："要掌握自己的命运就必须树立自信。"尽管韦尔奇到了成年还是略带口吃，但是母亲安慰韦尔奇："这算不了什么缺陷，只不过想得比说得快些罢了。"正是母亲给予的这份自信，让口吃不再成为阻碍韦尔奇发展的绊脚石，而且成了韦尔奇骄傲的标志。美国全国广播公司新闻部总裁迈克尔对韦尔奇十分钦佩，甚至开玩笑说："他真有力量，真有效率，我恨不得自己也口吃。"

中学毕业后，正如其他学生一样，韦尔奇想进入哈佛、耶鲁这些名校，但事与愿违，他只进了马萨诸塞州大学。刚开始，韦尔奇感到十分沮丧，但进入大学以后，沮丧变成了庆幸。他后来回忆这段经历，这样说道："如果当时我选择了麻省理工学院，那我就会被昔日的伙伴们打压，永远没有出头的一天，然而，这所较小的州立大学，让我获得了许多自信，我非常相信一个人所经历的一切，都会成为建立自信的基石，包括母亲的支持，运动，上学，取得学位。"韦尔奇的大学班主任威廉看出了他成功的征兆："是他的双眼，他总是很自信，他痛恨失败，即使在足球比赛中也一样。"

生活中，大部分人总是受自卑心理所驱使，无形中把自己当作一个失败者，从而让自己失去表现自我的机会。事实上，每个人都有自己的优点，如韦尔奇，他有口吃的毛病，不过，他却擅长唤醒内心沉睡的巨人，从那些成功经验中得到启发，进而增强自己的信心。

自信、执着，会让你握有一张人生之旅永远的坐票。那些不愿意主动寻找自己，最终只能在漂泊无依中一直流浪到老的人,他们其实就是在生活中安于现状、不思进取、害怕失败的自卑者,最终,他们永远滞留在看不到成功的起点。

你见到过这样的自卑者,或许自己也曾经是他们中的一员。他们不敢大声说话,不苟言笑,都是独自一个人在某个角落里默默地注视着他人,实际上他们心里也渴望得到别人的关注,就是因为自卑的心理,让他们抬不起头来。因此,他们的内心世界一片黑暗,他们很少交到真心的朋友,就这样自卑地活着。其实,克服自卑心理最好的办法就是付诸行动,去做自己害怕的事情,直到获得成功。

那么,如何才能克服自卑心理呢?

1. 尽可能坐在最前面的位置

心理学家认为,坐在前面可以建立信心。因为敢为人先,敢上人前,敢于将自己置于众目睽睽之下,就必须有足够的勇气和胆量。时间长了,这种行为就会成为习惯,自卑就会在潜移默化中转变为自信。而且,坐在比较显眼的位置,就会放大自己在公众视野中的比例,增强反复出现的频率,起到强化自己的作用。所以,从现在开始就尽量往前坐,通常情况下有关成功的一切都是显眼的。

2. 走路的姿势

从行为心理学角度分析,一个人行走的姿势、步伐与其心理状态有一定关系。若一个人步伐缓慢、步履懒散,那表示其情绪低落;若一个人抬头挺胸、快步走,那表示其信心十足,他们稳定的步伐仿佛在告诉人们："我即将去一个很重要的地方，去做很重要的事情。"

3. 微笑给予自己自信

当看到镜子里满面愁容、自卑的自己，不妨给自己一个亲切的微笑，告诉自己"一切都会好的"；当因为工作遭受挫折，不妨给自己一个微笑，给予自己充足的自信。微笑不仅能使自己充满自信，同时还能赢得别人的好感。

4. 学会正视别人

俗话说，眼睛是心灵的窗口，一个人的眼神可以折射出性格，透露出情感，传递出微妙的信息。假如不敢正视别人，那就意味着自卑、胆怯、恐惧；躲避别人的眼神，则折射出阴暗、不坦荡的心态。当我们用眼睛正视对方，那就等于告诉对方："我是诚实的，光明正大的，我非常尊重你，喜欢你。"所以，正视别人，反映的是一种积极心态，是自信的象征，更是个人魅力的展示。

5. 学会当众讲话

在公众场合，自卑的人认为自己的意见可能是没价值的，如果说出来，别人可能会觉得自己很愚蠢，那最好什么也不说，而且，其他人可能比自己懂得多，内心其实并不想让别人知道自己很无知。于是，在这样的过程中一次次摧毁好不容易建立起来的自信心。从积极的角度来看，只要尽可能讲话，就会增加信心。因此，不管是参加什么样的活动，每次都要主动讲话。

> **心理启示**
>
> 信心是获得成功不可缺少的条件，信心会引导我们走向成功的彼岸。有信心的人，他们遇事不畏缩，不恐惧，即使内心隐隐不安，最后也能勇敢地超越自我。有信心的人，他们浑身上下充满了活力，能解决任何问题，凡事全力以赴，最终成为胜利者。

猜疑，内向者总是人为地制造交往的阻力

猜疑心理，就是在交往过程中，自我牵连倾向太重，总觉得其他什么事情都会与自己有关，对他人的言行过分敏感、多疑。《三国演义》中有这样一段描写：曹操刺杀董卓败露后，与陈宫一起逃至吕伯奢家。曹吕两家是世交。吕伯奢一见曹操到来，本想杀一头猪款待他，可是曹操因听到磨刀之声，又听说要"缚而杀之"，便疑心大起，以为吕伯奢要杀自己，于是不问青红皂白，拔剑误杀无辜，这就是一出由猜疑心理导致的悲剧。

猜疑心理无疑是人性的弱点之一，自古以来都是害人害己的祸根，一个人一旦掉进猜疑的陷阱，那必定是神经过敏，事

事捕风捉影，对他人失去信任，对自己也同样心生疑窦，从而损害正常的人际关系。生活中那些疑心病很重的人，整天忧心忡忡，无中生有，认为人人都是不可信、不可交的。例如，有的人见到别人背地里讲话，就会怀疑是在讲他的坏话；有人对他态度冷淡一些，就会觉得是不是对自己有了看法。他们总觉得别人在背后说自己的坏话，或给自己使坏。同时，有猜疑心理的人特别注意留心外界和别人对自己的态度，别人脱口而出的一句话很可能都要琢磨半天，努力发现其中的"潜台词"。实际上，猜疑心理，就是人为地为沟通制造了障碍。

他和她认识在浪漫的大学时代，在一大帮朋友的撮合下陷入了热恋。他很爱她，这是众人皆知的秘密；她也很爱他，这一点，没有人质疑。朋友们都说她就像是他的影子，总是跟在他身边，形影不离。有人说，距离产生美。但他们俩却异口同声地反驳：有了距离，美也就没有了。

她不喜欢他抽烟，尤其是在公共场合，那他就不抽，只要她高兴；她还不喜欢他上网打游戏，说那是玩物丧志，他也可以不打，因为他认为她说得很对。她不让他做的事情，他从来不坚持，因为他觉得她也是为了自己好，他应该尊重她。渐渐地，他已经习惯了她这样左右自己的生活，而她觉得只有这样，才能充分证明自己在他心中的地位。

大学毕业后，他们开始工作了，他的工作时间并不是稳定的8小时，经常需要加班。刚开始，她只是埋怨他没有时间陪她，但是后来，这种埋怨逐渐升级为猜疑。有一次，他加班回家已经深夜一点了，一进门就看到她坐在沙发上，便问她为什么还没有睡，她阴阳怪气地说想等他回家闻闻有没有香水味，他只当她开玩笑，脱衣服去洗澡，可洗完之后却发现她正在翻自己的口袋。那天晚上，两个人都无法入睡。

后来，她每天都会打数十个电话查岗，有一天他终于忍无可忍，生气地说："我在单位，你可以放心了吧？"这样的行为愈演愈烈，每天都会有歇斯底里的争吵，本来美好的感情一点点地被扼杀在了猜疑里。

在爱情的世界里，我们都有过感动、有过信任，但在某些时候，这样的信任远远不及自己的猜疑。到底是什么扼杀了爱情？其实，真正的元凶就是因为自己抓得太紧了，没有足够的呼吸空间，爱情因窒息而死。当爱情逝去，有人才开始追悔"自己为什么会傻到去猜疑一个如此爱自己的人，甚至做了那么多愚蠢的事"，纵然幡然醒悟，但已经亲手扼杀了一段美丽的爱情。一直以为，只要有爱，没有什么不可以的，但是，现在想来，爱情和人一样，也需要空间，也需要氧气，这样才能获得最起码的生存。

猜疑就是我们在交往过程中，总觉得其他什么事情都与自己有关，并不停测试他人的言行，以证实自己的想法。猜疑是一种不健康的心理，这类人总是虚构一些因果关系去解释别人为什么会有这样的举止言谈。猜疑根源于心理学上的暗示，暗示可以分为积极暗示和消极暗示：积极暗示可以增强自信心，使人精神更加振奋；相反，消极暗示可以使人忧心多虑，严重者会疑神疑鬼。而猜疑则源于后者，似"无病疑病"，所以，猜疑是一种不健康的心理，会影响到我们的生活和工作。

那么，怎样才能消除猜疑呢？

1. 培养自信心

我们应该看到自己的优点与长处，逐渐培养起自信心，相信自己会处理好与他人的关系，会给他人留下良好的印象。例如，相信自己的言行在别人面前是没有挑剔的，相信自己在朋友面前是一位值得信任的人，从而打破自己虚构的因果关系。当我们充满信心地投入到交际中去时，就不会担心自己的行为，也不会随便怀疑对方是否会挑剔、为难自己了。

2. 以理智战胜猜疑

当发现自己开始怀疑别人的时候，应该及时找出自己产生猜疑的原因，调整认知，瓦解怀疑心理。例如，怀疑朋友拿了自己的东西，这时我们可以冷静地想想，会不会是自己忘了带回家，或者是在下班路上丢了。那么，这样一来，那些胡乱的猜疑就会被逐渐瓦解。其实，现实生活中的很多猜疑是可笑的，对此，冷静地思考一番是很有必要的。

3. 自我安慰

在生活中，我们遭到别人的非议与流言，或者与朋友产生误会，这都是很正常的，没有必要去斤斤计较，你计较越多，疑心病就越重，给自己带来的烦恼就越多。如果觉得朋友在怀疑自己，应当安慰自己没有必要被别人的闲言碎语所纠缠，不要在意对方的议论，这样就会使自己从猜疑的烦恼中解脱出来，同时，有效地提高自己的心商。

4. 主动沟通，消除怀疑心理

事实上，怀疑是误会的升级版，当彼此之间的误会没有得到及时的解除，就会发展为猜疑；当猜疑不能及时消除，就会导致疑心病的加重。因此，我们应该主动、及时地与"怀疑"对象开诚布公地沟通，弄清事情的真相，解除误会，消除疑心病。如果是误会，通过沟通可以及时消除；如果是意见有了分歧，适当进行沟通对双方都有好处；如果猜疑是真实的，双方经过心平气和的讨论，也可以有效地解决问题。

◇ 心 理 启 示 ◇

> 猜疑从本质上来说，是因为安全感不够，它会威胁到我们的心理健康。因此，当自己有了猜疑的征兆时，就要努力去克制住这一不健康心理的滋生，把它消灭在萌芽状态，并有效地提高心商。

焦点，内向者更害怕自己成为人群关注的中心

焦点效应，也叫作社会焦点效应，是人们高估周围人对自己外表和行为关注度的一种表现。简单来说，人们往往会把自己看作是一切的中心，并且直觉地高估别人对自己的关注程度。在现实生活中，每个人或多或少都会有焦点效应的体验，而内心敏感的内向者更易受到这一效应的影响，这种心理状态让他们过度关注自我，过分在意聚会或者工作时周围人们对自我的关注程度。

或许，我们也曾经因为在某一次派对上把饮料撒了一身而懊恼很久？我们也曾在公众场合摔倒，然后在几秒内快速爬起来，还要装作若无其事？假如你的答案都是"是"，那恭喜你，你已经是焦点效应的群体成员了。

心理学家曾经做了这样一个实验：让康奈尔大学的学生穿上某名牌T恤，然后进入教室，穿T恤的学生事先估计会有大约50%的同学注意到他的T恤。但是，最后的结果让人意想不到，只有23%的人注意到了这一点。这个实验表明，我们总觉得别人对我们会格外关注，但事实上并非如此。最终得出的结论就是：我们对自我的感觉的确占据了我们世界的重要位置，在不知不觉之间，我们放大了别人对我们的关注程度，而且通过自我关注，我们会高估自己的突出程度。

焦点效应，可以说在现实生活中是无所不在的。举个例

子，同学聚会时拿出集体照片，你一定会在第一时间找到自己，事实上每个人也都在照片中最先找到了自己。当我们跟朋友聊天的时候，会很自然地将话题引到自己身上来，但是，不是所有人都希望时刻成为众人关注的焦点，被众人评论。若是和初次见面的人一起用餐，不小心把酒杯打翻，或者在夹菜过程中出现了失误，这时我们都会觉得很尴尬，觉得别人都在看自己的笑话。可能很多人都会有这样的感觉，即便不是那么强烈也会觉得不好意思，那接下来的举动就会变得小心翼翼。这都是正常的表现，因为我们都很想给初次见面的人留下好印象，然而真相就是自己对别人而言没那么重要，完全没必要那么紧张。

1. 不要委屈自己去讨好所有人

在日常生活中，我们都会羡慕那种所谓的"好人缘"，似乎每个人跟她都能聊到一起去，更关键的是，她所说的每一句话，所做的每一件事，都是按照大家的意愿而做的，她没有理由不受到大家的喜欢。在公司，上司说这个方案行不通，她一句话不说，马上修改成上司喜欢的方案；挑剔的同事说，你今天的打扮好像不太和谐，第二天，她就真的换了一套服饰；在家里，爸妈说，你新交的男朋友没有固定的工作，她就真的决定与男友分手，重新找了一个能让父母感到满意的男朋友。

仔细想想，这样的人生真的是你期待的吗？你不过是在讨好所有人罢了，活成了没有自己的样子。

2. 不需要成为焦点，自己喜欢才重要

我们生活的最初点，似乎都是在讨好所有的人，让自己成为焦点，而从来没有讨好过自己。事实上，我们要懂得这样一个道理：你不需要讨好所有人，只有自己喜欢才是最重要的，因为没有任何人能来分担你的烦恼和愤怒。

> **心理启示**
>
> 因为焦点效应心理，我们会因为在聚会上站在角落或者弄洒了饮料而觉得自己很失败。我们总是觉得社会的聚光灯会格外关注自己，但其实并不是这样，假如我们仔细观察，就会发现那些注意到我们把饮料弄洒或其他尴尬场景的人并没有想象中的那么多，所以，我们完全没必要那么紧张。

孤僻，让内向者总是离群索居

孤僻心理，也就是我们常说的不合群，即不能与人保持正常关系、经常离群索居的心理状态。在日常交际中，孤僻的人主要表现为不愿意与他人接触，待人冷漠，对周围的人常有厌烦、鄙视或戒备的心理。当然，有着孤僻心理的人猜疑心比较强，容易神经过敏，做事喜欢独来独往，不过也免不了被孤独、寂寞和空虚所困扰。

小王是一名战士，下士军衔，不过大家都说他性格怪异、冷漠，很少看到他与战友嬉笑打闹，做什么事情也总是独来独往，经常没事总是一个人待在角落，成为部队热闹生活的旁观者。由于他不愿意和别人交流，开会也很少发言，除非点名叫他，否则是看不到他举手的，而且说起话来语速很快，一副小心翼翼的样子。战友们都很难了解小王内心的想法，而小王平日在部队里也总是摆出"各人自扫门前雪，休管他人瓦上霜"的态度。

有一天，领导叫上小王一起去打球，小王脱口而出："我不去，我又不会打。"领导说："好，你不打，陪我去转转总可以吧，不行我们再一起回来。"好说歹说总算愿意去了，到了球场，大家都在喊："小王，来一起玩。"小王不吱声看着领导，领导先下去，他在场边看领导和战友们打。球场上五个人没法组队，领导说："你来吧，不然人不够。"小王说："我不会，打不好。"领导说："就一次，下次我喊其他人，你就陪我们打一次，打一会儿就回去了。"小王不吱声，战友和领导又喊了几次，终于将他拖了下来。

小王总算是勉为其难地进入了球场，当战友们看到他有好位置的时候，就把球传给他，让他投，他迟疑了，战友们都鼓励他投，说他位置好，赶紧投，他才把球投了出去。当然，他离球篮很近，而且没有防守，球进了，大家都说看不出来，小王还留了一手。他害羞地笑了，很快又闭上了嘴巴，还是那副冷漠的样子。后来，在战友们的"配合"下，小王又进了几个球，而且不用战友们提醒就自己主动投球。打了一会儿，大家都累了，坐在球场边上东一句西一句地聊，不过话题离不开"小王球打得不错"，看他冷冰冰的脸因害羞而红红的，战友们猜测他心里肯定是在想"打球挺好玩的"。后来再打球，小王都主动来了。

　　从以上表述中不难看出，小王就是典型的孤僻心理。那他的孤僻心理是如何产生的呢？原来，小王的父母在其幼年时死于一场火灾，他自幼跟随爷爷奶奶生活。火灾的发生，给小王留下的不只是身上被大火烧伤留下的疤痕，还有不完整的人生。在他成长的过程中，小王给自己画了一个圈，给自己定了性，自己给自己增加心理暗示，自我的羞耻感、屈辱感不断增强，自我否定意识不断形成与加剧，表现出了消极的自我评价，对身边人的戒备心理就开始产生了。随着消极自我暗示的不断出现，自己的性格扭曲，慢慢形成逃避现实、孤僻自卑、谨小慎微、容忍退让的懦弱性格。

　　青年孤僻性格的形成与家庭环境、气氛和父母的教育方式有很密切的关系。一般来说，在宁静愉快、轻松和谐的家庭环境、气氛中成长起来的孩子，与在紧张、困扰、压抑的家庭环境中成长起来的孩子，其性格存在很大差异。尤其是在父母早亡或离异家庭中长大的孩子，由于缺乏足够的关怀，会出现孤僻、冷漠和情绪不稳定等性格特征。而父母过于严厉、简单粗暴的教育方式，也会使孩子变得胆怯、畏缩、自卑、不信任他人，最终形成孤僻性格。

那如何对孤僻心理进行自我调节呢？

1. 正确认识自己和他人

孤僻者本人要对孤僻的危害有一个正确的认识，打开自己紧闭的心扉，追求人生的乐趣，摆脱孤僻的困扰，同时正确地认识别人和自己，努力寻找自己的优点和长处。孤僻者一般都没能正确地认识自己，有的孤僻者觉得自己比别人强，总想着自己的优点和长处，只看到别人的缺点，自命不凡；有的孤僻者则比较自卑，总认为自己不如别人，怕被别人嘲笑，而把自己封闭起来。其实，这两类人都需要正确地认识别人和自己，多与别人交流思想，沟通感情，享受人与人之间的友情。

2. 敢于与人交往

性格孤僻的人应该多与那些性格外向的人交往，让自己的情绪受到感染，也使自己变得开朗起来。这样，在每一次交往中都会有所收获，丰富知识经验，纠正认识上的偏差，一方面获得了友情，另一方面愉悦了身心。

3. 掌握交际技巧

假如我们在交际方面显得比较笨拙，那可以多看一些有关交往的书籍学习交往技巧，同时多参加健康、有益的集体活动，如郊游、跳舞、打球等，在活动中逐渐培养自己开朗的性格。

心理启示

孤僻者缺乏朋友的关怀和陪伴,交往需求得不到满足,内心很苦闷、压抑、沮丧,感受不到人世间的温暖,看不到生活的美好,很容易消沉、颓废、不合群。由于缺乏群体的支持,整天过着提心吊胆的日子,忧心忡忡,容易出现恐慌心理。如果这样的消极情绪长时间困扰自己,就会损伤身体,严重的还会产生轻生的念头。

第03章
立即行动：内向者要有分秒必争的行动力

不管是在做决定还是做事方面，内向者的执行力都较弱，因为总是思考太多的可能性。当然，谨慎一些固然是好事，但快速的行动力有利于事情更快地解决。所以，内向者在保持自己冷静特性的同时，还需要增强自己的执行能力。

知行合一，行动之前要思考

内向者行动之前要有目标，但只有目标还不够，在把理想铺铸成现实的道路上，我们还应该做好规划。好的规划不止是一张蓝图，它更是你行动的路线图。在现实生活中，我们经常听到"只有想不到，没有做不到""野心有多大，成就就有多高"等这样的言论，很多内向者片面地理解这些激励人心的话语，总以为激情高涨、拼搏忙碌，成就一番事业是自然而然的事情。殊不知，激情和拼搏只是一种动力，如果努力没有用在正确的地方，也只是白费功夫。

古语云：凡事预则立，不预则废。目标是可以看得见的靶子，每个人都能看到，大家都在朝它开枪，但并不是谁都能打得快和准。目标是人生拼搏的战略，至于规划如何朝着既定的方向迈进就是战术问题了。例如，你的愿望是登上前面那座山，就应该考虑好什么时间要到达什么地方，一块山石，一棵大树，都是你下一站的指引。

近年来，中国的航天技术发展飞速。火箭飞向月球需要一定的速度和质量。科学家们经过精密的计算得出结论：火箭的自重至少要达到100万吨。而如此笨重的庞然大物是无论如何也无法飞上天空的。因此，在很长一段时间里，科学界都一致认定：火箭根本不可能被送上月球。

直到有人提出"分级火箭"的思想，问题才豁然开朗起来。将火箭分成若干级，当第一级将其他级送出大气层时便自行脱落以减轻重量，这样火箭的其他部分就能轻松地逼近月球了。由此可见，无论多么宏大的目标，都要靠一次次小目标的突破积累而成。

很多时候，我们在规划人生时感到困难不可逾越，成功无法企及，正是因为目标离自己太过遥远而产生畏惧感。所以你要明白，学会把目标分解开来，化整为零，变成一个个容易实现的小目标，然后将其各个击破，这是实现终极目标的有效方法。

几十年前，在美国有一个十多岁的穷小子，他自小生长在贫民窟里，身体非常瘦弱，却立志长大后要做美国总统。如何实现这样的抱负呢？年纪轻轻的他，经过几天几夜的思索，拟定了这样一系列的连锁目标：

做美国总统首先要做美国州长——要竞选州长必须得到雄厚的财力支持——要获得财团的支持就一定得融入财团——要融入财团就需要娶一位豪门千金——要娶一位豪门千金必须成为名人——成为名人的快速方法就是做电影明星——做电影明星前得练好身体，练出阳刚之气。

按照这样的思路，他开始步步为营。一天，当他看到著名的体操运动主席库尔后,他相信健美是强身健体的好办法,因而有了练健美的兴趣。他开始刻苦且持之以恒地练习健美,他渴望成为世界上最结实的男人。三年后,凭着发达的肌肉和健壮的体格,他开始成为健美先生。

在以后的几年中,他成了欧洲乃至世界健美先生。22岁时,他进入了美国好莱坞。在好莱坞,他花了十年时间,利用自己在体育方面的成就,一心塑造坚强不屈、百折不挠的硬汉形象。终于,他在演艺界声名鹊起,当他的电影事业如日中天时,女友的家庭在他们相恋9年后,终于接纳了他这位"黑脸庄稼人"。他的女友就是赫赫有名的肯尼迪总统的侄女。

婚姻生活过了十几个春秋,他与太太生育了4个孩子,建立了一个"五好"家庭。2003年,年逾57岁的他,告老退出了影坛,转而从政,并成功地竞选成为美国加州州长。

他就是阿诺德·施瓦辛格。他的经历告诉我们,目标要远大,经营自己的过程却要稳扎稳打,在一个台阶上站好了,然后瞄准下一步。

志存远大,这是一直被我们推崇的。但是在现实中,仅仅有一个清晰的目标还远远不够。就如阿诺德·施瓦辛格一样,如何开动脑筋,尽快突破小目标,实现大目标,才是我们最应该重点费心思考的问题。

总结阿诺德·施瓦辛格的成功经历,我们可以得出这样一句话：从大处着眼，从小处着手，化整为零地循序渐进。谁都想自己能一步登天，一夕成名，一下便成为一个亿万富翁。有目标、有憧憬是好事，但善于规划才是硬道理。

内向者做事之所以会半途而废，并不是因为难度高，而是因为他认为现实距离梦想太远，正是这种心理上的因素导致了失败。若把长距离分解成若干个短距离，逐一跨越它，就会轻松很多，而目标具体化可以让你清楚当前该做什么，怎样才能做得更好。

> **心理启示**
>
> 心中有了一系列规划的人，表面来看和以往的他也没什么不同，但是因为眼光看得远了，做起事来就有了责任心和主动性，会完全脱离那种得过且过的生活状态，这时一个人的才能也会得到最大程度的发挥。

想做就做，为什么不呢

在很多时候，人们都有自己的想法：希望自己将来能像松下幸之助一样成为获得巨大成功的实业家，希望进入自己梦寐以求的公司谋得一个称心如意的职位，等等。但是，最终有的人能够实现自己的愿望，走向成功的人生；而有的人却不管怎么努力也实现不了自己的理想，过着不幸福的日子。

约瑟夫·墨菲说："决定你命运的绝不是才能，更不是环境和外在条件，而是你的思考方式，即你的想法。"从现在起，想象自己成为什么样的人，然后让这种"心想"成为一种习惯，在强大的潜意识力量之下，自己真的会成为想象中的人。你想成为什么样的人，就努力去成为这样的人；你想做成什么事业，就马上去行动。为什么呢？因为行动就是效率。

阿尔伯特·哈伯德出生于美国伊利诺州的布鲁明顿，父亲既是农场主又是乡村医生。年轻时的哈伯德曾在巴夫洛公司上班，是一名很成功的肥皂销售商，但是，他却对此感到不满足。1892年，哈伯德放弃了自己的事业进入了哈佛大学，然后，他又辍学到英国徒步旅行，不久之后，哈伯德在伦敦遇到了威廉·莫瑞斯，并喜欢上了莫瑞斯的艺术与手工业出版社。

哈伯德回到美国，他试图找到一家出版社出版自己的那套名为《短暂的旅行》的自传体丛书，但是，他没有找到任何一家出版社。于是，他决定自己来出版这套书，由此创建了罗依科罗斯特出版社。这套书出版之后，哈伯德成了既高产又畅销的作家。随着出版社的规模不断扩大，人们纷纷慕名而来拜访哈伯德。最初，游客会在周围的旅馆住宿，但随着人越来越多，周围的旅馆已经无法容纳更多的人了，因此，哈伯德特地盖了一家旅馆。在装修旅馆时，哈伯德让工人做了一种简单的直线型家具，这种家具受到了游客们的喜欢，哈伯德又开始了家具制造业。哈伯德公司的业绩蒸蒸日上，同时，出版社发行了《菲士利人》和《兄弟》两份月刊，随后《致加西亚的信》的出版使哈伯德的影响力达到了顶峰。

有人说，阿尔伯特·哈伯德的一生无比传奇，他之所以能在多方面都能获得成功，在于他从来都是想做就做，不断地朝着自己的一个又一个目标努力奋进。阿尔伯特·哈伯德是一个坚强的个人主义者，一生坚持不懈、勤奋努力地工作着，成功对于他来说是理所当然的。

在《致加西亚的信》中，阿尔伯特·哈伯德讲述了罗文送信这样的情节："美国总统将一封写给加西亚的信交给了罗文，罗文接过信以后，并没有问：'他在哪里？'而是立即出发。"犹豫、拖沓的生活态度，对内向者来说已经是一种常态，要想成为罗文这样的人，我们就应该马上去做。

在麦克小学六年级的时候，由于考试得了第一名，老师送给他一本世界地图，麦克十分高兴，回到家就开始翻看这本世界地图。然而，很不幸的是，那天正好轮到他为家人烧洗澡水，他一边烧水，一边在灶边看地图。突然，麦克看到一张埃及的地图，原来埃及有金字塔、尼罗河、法老王，还有许多神秘的东西，他心想：我长大以后一定要去埃及。麦克正看得入神的时候，爸爸走过来了，他大声对麦克说："你在干什么?"麦克说:"我在看埃及地图。"爸爸跑过来给了他两个耳光,然后说:"赶快生火!看什么埃及地图!"打完后,还踢了麦克一脚,严肃地对麦克说:"我给你保证!你这辈子绝不可能到那么遥远的地方!赶快生火!"

麦克呆住了,心想:爸爸怎么给我这么奇怪的保证。难道我这辈子真的不能去埃及吗?20年后,麦克第一次出国就是去埃及,朋友都问他:"你到埃及去干什么?"麦克说:"因为我的生命不要被保证。"于是就跑到埃及旅行。当他坐在金字塔前面的台阶上时,他买了张明信片写给爸爸:"亲爱的爸爸,我现在在埃及的金字塔前面给你写信,记得小时候,你打了我两个耳光,踢了我一脚,保证我不能到这么远的地方来,现在我就坐在这里给你写信。"

人生的精彩源于梦想的精彩,内向者的行为决定成就的高度。其实,我们每个人都是自己命运的设计师。人生的道路该如何走,向着什么方向走,最终要达到什么样的目标……所有这些问题都应该是我们自己的立场,而不需要被别人保证。如果我们想去做事情,为什么不去呢?如果我们失去了尝试的勇气,那么一生也不会有什么大的作为。

> **心理启示**
>
> 许多内向者总是说"我想做……",但他们总是停留在口头上,迟迟不肯行动,前怕狼后怕虎,很想去做,但又担心失败,结果就是停在那里,多年后,依然是平平庸庸,事业不见起色。实际上,因为行动高效,哪怕失败了也可以重来。如果你总是犹豫不决,怕前怕后,那只会一事无成。所以,内向者要珍惜自己的美好时光,想去做就去做。

做事果断,别总是思前想后

从前有一头毛驴,它面前有两堆草料。它饿了,可是站在两堆草料中间,是去左边还是去右边呢?往左边走走……嗯,还是去吃右边的比较好;往右边走了几步……算了,还是去吃左边那堆好了。走走又回头,回头又走走,于是,这头毛驴就这样在两堆草料间活活饿死了。这个故事当然是有点夸张,可是,不要说人就不会做这样的傻事。因为人比毛驴聪明,思考能力强,在前思后想中,更容易犹豫不决,失去机会。在生活中,有不少内向者做事思前想后,顾虑太多,结果在犹豫不决中丧失了绝佳的机会,也失去了改变人生的机会。

安妮是哈佛大学里艺术团的歌剧演员,她有一个梦想:大学毕业后,先去欧洲旅游一年,然后要在纽约百老汇占有一席之地。心理老师找到安妮说:"你今天去百老汇跟毕业后去有什么差别?"安妮仔细一想,说:"是呀,大学生活并不能帮我争取到去百老汇工作的机会。"于是,安妮决定一年后去百老汇闯荡,老师感到不解:"你现在去跟一年以后去有什么不同?"安妮想了一会,对老师说:"我决定下学期就出发。"老师紧紧追问:"你下学期去跟今天去,有什么不一样呢?"安妮有点眩晕了,她决定下个月就去百老汇。老师继续追问:"一个月以后去跟今天去有什么不同?"安妮激动不已,说:"给我一个星期的时间准备一下,我就出发。"老师步步紧逼:"所有的生活用品在百老汇都能买到,你一个星期以后去和今天去有什么差别?"安妮激动地说:"好,我明天就去。"老师点点头:"我已经帮你预订了明天的机票。"

第二天,安妮飞赴了百老汇,当时,百老汇的制片人正在酝酿一部经典剧目,许多艺术家都前去应聘。当时的应聘步骤是先挑出10个左右的候选人,再要求每人按剧本演绎一段主角的对白。安妮到了纽约后,没有着急打扮自己,而是费尽心思从一个化妆师手里要到了剧本,在之后的两天时间里,她闭门苦练。到了正式面试那天,安妮表演了一段剧目,她感情真挚,表演惟妙惟肖,制片人惊呆了,当即决定主角非安妮莫属。

安妮到纽约的第一天就顺利进入了百老汇，穿上了她人生中的第一双红舞鞋，她的梦想实现了，她成了百老汇的一名演员。当然，她很快就实现了自己的梦想，尽管之前的她是犹豫不决的，不过她做到了马上出发。在生活中许多追逐梦想的人，总是磨磨蹭蹭，前怕狼后怕虎，结果硬生生地耽误了时间，错失良机。

目标是否可以实现，关键在于及时行动。在任何一个领域里，不努力去行动的人，就不会获得成功。正所谓"说一尺不如行一寸"，任何希望、任何计划最终必然要落实到具体的行动中。只有及时行动才可以缩短自己与目标之间的距离，也只有行动才能将梦想变为现实。如果你只是心里想想，总是考虑其他的因素，错过了及时行动的机会，那就会后悔莫及。

> **心理启示**
>
> 人生有三大憾事：遇良师不学，遇良友不交，遇良机不握。很多内向者把握不住机遇，不是因为他们没有条件，没有胆识，而是他们考虑得太多，在患得患失间，机遇的列车在这一站停靠了几分钟，又向下一站驶去了。我们生活在一个竞争激烈的时代，很多机会本来就是稍纵即逝的。在优柔寡断的人左思右想的时候，机会已经掌握在行动者手里，助他走向了人生巅峰了。

与其坐而言，不如起而行

科学家卡莱尔曾经说过："要迎着晨光实干，不要面对着晚霞幻想。"这句话形象而准确地告诉我们：人不能沉迷于美好和远大的理想之中，还应该付出比别人更多的努力。当我们发现一个良机的时候，就要敢于付诸行动，而不是犹豫不决。确实，在这个世界上，许多伟大的成功者都是那些敢想、敢做、敢失败的人，而那些所谓智力超群、才华横溢的人却因犹犹豫豫、瞻前顾后，不知道付出行动而最终一无所获。

人们常说"高风险意味着高回报"，只有那些敢于冒险的人，才会赢得辉煌的人生。当然，那些面临风险依然可以果断做出决定的人肯定胆识过人，他们不仅拥有过人的胆识，而且始终将行动放在第一位，敢想敢做，逆流而上，往往取得了出人意料的成功。

在职场中，许多内向者想改变自己的处境，希望比现在做得更好，甚至，梦想着做一番事业，但他们往往是有了想法却总是瞻前顾后，犹豫不决，以至于许多好的想法、计划都功亏一篑，最后，依然一事无成，平庸地度过一生。同样是一些敢想的人，他们没有犹豫，而是马上将自己的想法付诸实践，最后，他们成功了。出现这样截然相反的情况，是什么原因呢？是因为前者缺少了行动力，他们只愿意想，而不敢去做，因此，成功的机会总是与他们擦肩而过。

有一天，老鼠大王召集了全体鼠族成员召开一次会议，大家在一起商量如何对付猫的问题。当老鼠大王抛出了问题，老鼠们都积极发言，出主意，提建议，不过会议持续了很久，最终也没有找到一个可行的方法。

最后，一个平时被大家称为最聪明的老鼠对大家说："通过我们与猫多次作战的经验表明，猫的武功实在太高了，若是单打独斗，我们根本不是它的对手。我觉得对付它的唯一办法就是——预防。"大伙听了面面相觑，问道："怎么预防呢？"这个老鼠狡黠地说："给猫的脖子上系上铃铛，这样，猫一走铃铛就会响，听到铃声我们就躲藏到洞里，它就没有办法捉到我们了。"老鼠们听了都雀跃起来："好办法，好办法，真是个聪明的主意！"

老鼠大王听了这个办法以后，高兴得什么都忘记了，当即宣布举行大宴。可是，第二天酒醒了以后，感觉不对。于是，又召开紧急会议，并宣布说："给猫系铃铛这个方案我批准，现在开始就落实到具体行动中。"一群老鼠激动不已："说做就做，真好真好！"得到老鼠们的支持，鼠王问道："那好，有谁愿意去完成这个艰巨而又伟大的任务呢？"会场里一片寂静，等了好久都没有回应。

于是，老鼠大王命令道："如果没有报名的，我就点名啦。小老鼠，你机灵，你去给猫系铃铛吧。"老鼠大王指着一个小老鼠说。小老鼠一听，马上浑身抖成一团，战战兢兢地说:"回大王,我年轻,没有经验,最好找个经验丰富的吧。"接着,老鼠大王又对年纪稍长的鼠宰相发出命令:"那么,最有经验的要数鼠宰相了,您去吧。"鼠宰相一听,吓破了胆,马上哀求说:"哎呀呀,我这老眼昏花、腿脚不灵的,怎能担当得了如此重任呢,还是找个身强体壮的吧。"于是,老鼠大王派出了那个出主意的老鼠。这只老鼠哧溜一声离开了会场,从此,再也没有见到它。最终,老鼠大王一直到死,也没有实现给猫系铃铛的夙愿。

孔子说:"君子耻其言而过其行。"意思是说,君子认为说得多而做得少是可耻的。在现实生活中,总是有这样一些夸夸其谈的人,他们口若悬河,说尽了大话,到最后,一件事情都没有完成,给上司和同事留下"浮夸"的印象。一个人如果想要去做一件事,无论计划多么完美,倘若没有付诸实际行动,也不能体现出它的价值来。

内向者常常会陷入这样的境地:想得多,做得少。事实上,当我们大脑中有了灵感就应该付诸实践,现在就去,马上就去,"现在"这一词语可以推进成功,可是,"明天""以后""某一天"就代表着"永远也做不到"。

大多数聪明的人,他们遇事冷静,不想自己的智慧被淹没在平淡的日子里。因此,一旦他们有了好的想法,总是敢于去实现它,无论最后的结果是成功还是失败,他们总是先做了再说。

如果你现在有一些好的计划,那么,就应该对自己说"我现在就去做，马上开始"，而不是说"我总有一天会去把它完成的"。

> **心理启示**
>
> 实现一个目标最好的时间是一年前，其次是现在。如果你还没有付诸行动，需要现在就动起来。把那些想做的事情一件件写下来，然后一件件打钩解决掉。当你一项一项去落实和解决问题的时候，就能获得满足感和成就感，也能让自己慢慢地自信起来，不再害怕任何问题。

与其抱怨，不如积极行动

英国著名作家奥利弗·哥尔德斯密斯曾说："与抱怨的嘴唇相比，你的行动是一位更好的布道师。"面对生活里的一丁点不如意，内向者最普遍的习惯是埋怨，不停地埋怨，埋怨父母不理解，埋怨社会太现实，埋怨朋友的欺骗，埋怨上天的不公，于是，埋怨成为一种习惯。然而，那些不如意的事情、悬而未决的事情并没有得到真正的解决，自己的情绪反而陷入了恶性循环，结果，心中的怨气反而会阻碍你前进的脚步。

成功只会垂青那些积极主动的强者，只要你敢于担当，勇于接受来自生活的挑战，那么，任何艰难险阻都会变成坦途。

真正的强者，从来不埋怨，他们总是会把那些消极的想法从内心中扫除殆尽，让自己的内心充满阳光和希望。

从前，有一个年轻的农夫，他平日的工作就是划着小船，给另外一个村子的居民运送自家的农产品。那会儿正值天气炎热、酷暑难耐的季节，年轻的农夫汗流浃背，感到苦不堪言。为了尽快完成工作，农夫心急火燎地划着小船，以便在天黑之前能返回家中。突然，年轻的农夫发现，在前面有一只小船，沿河而下，迎面朝自己快速驶来，眼看着这两只船就要撞上了，但是，那只小船却丝毫没有避让的意思，似乎是有意要撞翻自己的小船。年轻的农夫心中顿时有了火气，大声对那只船吼道："让开，快点让开！你这个白痴！再不让开，你就要撞上我了！"但是，农夫的吼叫完全没用，那只船还是义无反顾地向自己驶来，尽管农夫手忙脚乱地企图为其让开水道，但为时已晚，那只小船还是重重地撞上了他。年轻的农夫被激怒了，他怒视对面的那只小船，但是，令他吃惊的是，那只小船上空无一人，被自己大呼小叫、责骂的只是一只挣脱了绳索、顺河漂流的空船。

原来，再多的责骂、埋怨，也不能改变事情的发展方向，反而会阻碍你前进的路途。有人说埋怨是一种宣泄，一种心理平衡，似乎埋怨可以将那些不如意的事情发泄出来。每天，我们都可能会面对很多不如意的事情，如果只是一时的埋怨，还可以接受，但是，有时候，埋怨久了就会形成习惯，而埋怨的根源是对现实的不满意。

从前，有一位年老的印度大师，在他身边有一个总是喜欢抱怨的弟子。有一天，印度大师让这个弟子去买盐，等到弟子回来后，大师吩咐这个喜欢埋怨的弟子抓一把盐放在一杯水中，然后喝了那杯水，弟子按照师傅的吩咐一一做了，大师问道："味道如何？"龇牙咧嘴的弟子吐了口唾沫，说道："咸！"

大师一句话没说，又吩咐弟子把剩下的盐都撒入了附近的一个湖里，听从师傅的吩咐，弟子将盐倒进湖里。大师说："你再尝尝湖水。"弟子用手捧了一口湖水，尝了尝，大师问道："你尝到咸味了吗？"弟子回答说："没有。"这时，大师才微微一笑，说道："其实，生命中的痛苦就像是盐，不多，也不少，在生活中，我们所遇到的痛苦就这么多，但是，我们体验到的痛苦却取决于将它放在多么大的容器里，所以，面对生活中的不如意，不要成为一个杯子，总是埋怨，而要成为湖泊，去包容它，通过实际行动来改变自己的现状。"弟子若有所悟地点了点头。

一个人来到这个世界上，面对生活中的诸多不如意，我们只有两个选择，要么接受，要么改变。抱怨是接受事实的一个阻碍，我们总是想到：这件事对我是不公平的，这样的事情怎么会发生在我的身上呢？我怎么能接受这样的事情呢？所以，一种强烈的倾诉欲望开始萌发：我要去对别人诉说，以此证明我的无辜和委屈。于是，在我们埋怨不公的时候，我们已经失去了去改变这件事情的机会。那么，当我们无休止埋怨的时候，有没有想过比埋怨更好的解决方法呢？

真正的强者，总是致力于积极行动，解决问题，完成这件事情，而不是去埋怨上天的不公，所以，强者最后会在努力中赢得成功，而无能的人只能在埋怨声中销声匿迹。

> **心理启示**
>
> 罗斯福说："未经你的许可，没有任何人能够伤害你。"有的人自己办不了事情，别人办了漂亮事，他还会到处埋怨："其实我很有能力的""他凭什么就能得到上司的重用啊""这件事我会比他做得更好，可上司偏偏不找我"。真实的情况却是自己没有能力，心中才充满了怨气。

别总把忙和没时间当借口

日本女作家吉本芭娜娜出版了四十本小说和近三十本随笔集，《鲤》杂志曾采访她："很多人说有了小孩就没有自己的时间了，您现在有了孩子，是如何确保写作时间的呢？"吉本芭娜娜说："确实没什么时间，但是我一直在拼命。为了争取多一点的写作时间，每天我都在与时间赛跑，最厉害的时候，自己太忙了，连饭都站着吃。"估计许多内向者看到这里会感到羞愧吧，比起吉本芭娜娜，总是感慨自己时间不够、事情做不完的你，却从来不去利用那些零碎的时间。

大富豪洛克菲勒就是一位对工作异常勤奋的人。一天24小时中，他的工作时间一般都在15~16小时，超过了一天的大半时间。有的时候，他甚至可以一天工作18~19小时。有人计算过，他的一生中平均每周工作76小时，只休息很短的时间，经常是别人已经下班了，他还在勤奋地工作。他常常对别人说："如果你什么都不想干，那一天工作8小时就可以了，可是如果你想干点什么，那么你下班的时候，正是你工作的开始。"别人问他："你怎么能一天工作20小时？"他却说："一天工作20小时怎么够，我需要一天工作48小时。"当人们看到他的时候，他总是在忙于工作。于是人们都说洛克菲勒只有睡觉和吃饭的时候不谈工作，其余的时间他都泡在工作里。这位世界级的大富翁就是这样努力而勤奋地工作着的，所以他取得了举世瞩目的成就。

洛克菲勒之所以能够获得成功，就在于他始终如一地保持勤勉的态度，从来不以忙和没时间作为借口。他的勤勉已经成了顽强的奋斗，在他的眼里，一天24小时都已经不够用了，他希望能在一天内工作更长的时间。犹太人认为，只有勤勉的人才能够尝到胜利的果实，只有勤勉的人才能够得到命运的眷顾。所以，洛克菲勒用自己的实际行动证明了这样一个道理：如果你是一个做事勤勉的人，那么成功就已经离你不远了。

美国职业篮球协会1994~1995年赛季的最佳新秀杰森·基

德,谈到自己成功的经验时说:"我小时候,父亲常常带我去打保龄球。我打得不好,总是找借口解释为什么打不好,而不是去找原因。父亲就对我说'别再找借口了,这些不是理由,你保龄球打得不好是因为你总说没时间练习。'他说得对,现在我一发现自己的缺点就努力改正,绝不找借口搪塞。"达拉斯小牛队每次练完球,人们总是看到有个球员还在球场内奔跑不辍一小时,一再练习投篮,那就是杰森·基德,因为他是一个为成功寻找理由的人。

成功与失败看起来似乎有天壤之别,但区分两者的或许就是一些微小的细节,小小的习惯,如常常为自己没有完成的事情寻找借口,而大部分的借口则是"我很忙""我没时间"。失败是没有任何借口的,失败了就是失败了,我们在接受失败这个事实的同时,需要反省自己,而不是为失败寻找借口。当然,没有人能随随便便成功,我们必须付出艰辛的努力。在成功的道路上,我们要不断为之寻找理由,那些坚持、付出的汗水与艰辛都可以铸就最后的成功。

内向者关于自己的未来总会有很多规划,但当他们未能完成时总向别人推诿:"我最近太忙,根本没有时间。"却迟迟不见有行动,但是如果你想有所获得,有所成就,做哪一件事不会耗费时间呢?我们经常看到优秀的年轻人,举手投足优雅大方,且写得一手好字,当你在羡慕对方的时候,是否能够想到对方为了培养仪态、练习写字一个人度过了多少沉默的时光呢。忙和没时间是最烂的借口，因为时间对于每个人都是公平的，之所以会抱怨没时间，不过是因为你在其他事情上浪费了时间。

财经作家吴晓波说："每一件与众不同的绝世好东西，其实都是以无比寂寞的勤奋为前提的，要么是血，要么是汗，要么是大把大把的曼妙青春好时光。"如果内向者倾力付出自己的努力，早晚会从量变到质变，你现在每走一步留下的脚印，都会成为日后实现人生飞跃的跳板。

> **心理启示**
>
> 　　内向者总会制订很多计划，如看书、运动、旅行等，不过常常因没有时间而不得不放弃。难道你的生活真的有那么忙吗？真相到底如何你自己心知肚明，别总以忙和没时间当借口，那不过是在为自己的懒惰找理由而已。你若坚持努力，一定会发光，因为时间是所向披靡的武器，它能聚沙成塔，将人生的不可能都变成可能。

第04章

职场内向者：你为什么总是不被赏识与重用

日常工作中，总有那么一群默默努力的人，不邀功、不展现自我，就连简单的汇报工作也不会，也因此错过每次升职和加薪的机会。那么，是谁偷走了这些职场内向者的升职机会呢？

为什么你在职场不被赏识

信息时代,最受瞩目的是什么?是注意力。现代社会,人们面对的都是计算机、智能手机等新兴科技产品,再加上繁忙的工作,使得人们的注意力下降,不容易被吸引。这时,如果能够有较强的关注度,吸引人们高度重视,那就是最大的成功。

在大自然,鸟类用羽毛和歌声来吸引异性的注意,以获得繁殖后代的优先权,而在知识经济时代,注意力则成为商机的先导。在职场,同样会存在"注意力"。那么,你的关注值有多少呢?作为职场人,领导和同事对你有多少关注呢?你是角落里默默无闻的路人甲,还是整天进出领导办公室的红人?如果你属于前者,那么很遗憾地告诉你,你应该适时想办法提升自己的关注度了。

瑶瑶今年快30岁了,职场之路平淡无奇,直到这个年纪仍是一名普通的员工,拿着微薄的薪水,过着不咸不淡的日子。

不过,她常常跟朋友抱怨:"我觉得老板一点儿都不喜欢我,那天还特意在公司大会上点了我的名,希望我能提升业务量,你说那么多同事,为什么偏偏点我的名呢?而且比我业务差的人不在少数呢，为什么是我？""你不知道，我们最近发工资了，但是我与同事差了整整七百元，我就知道老板偏心，好像我不招人待见一样，哎，亲爱的，看来我得想办法转行了……"

当朋友询问："你经常和老板沟通、汇报工作吗？"她却一直摇头："没有，我不喜欢与领导走得太近，如果我经常去找他，别的同事肯定以为我在拍马屁，或是想升职，总而言之，办公室又会多很多闲话，我不喜欢这样。"朋友不解："可是，对于你正在做的工作的进展情况，你不需要主动向领导汇报吗？不然，他怎么知道你一天在忙些什么呢？而且对于工作上有难度的地方，你也应该及时请教老板，他才知道你在努力工作，想办法解决问题。"瑶瑶一脸单纯地回答："可是，我只想单纯地做一个员工而已，我没想那么多。"

所以呢，瑶瑶永远得不到领导的关注，反而认为自己被忽略了。

增加关注值，在于增加与领导见面的频率。举个简单的例子，一个进公司半年的人升职了，原因在于他进公司半个月就与领导熟悉了，之后积极汇报工作，加深了他在领导心目中的印象；而一个在公司工作五年的人，默默无闻地守在自己的办公桌前，从未升职，因为他很少与领导交流、沟通，更别说主动汇报工作了。

事实上，向领导汇报工作是员工履行好职责的基础，汇报是一个主动沟通的机会。尽管有的领导你跟他汇报工作他嫌你烦，不汇报工作他又说你自作主张。不过，既然你并不是老板，那就只能主动去适应工作，调整自己，找到适合领导个性的汇报方式。

小张刚进公司三个月，就被任命为小组长，获得如此快的职位提升不仅在于他卓越的工作能力，还在于他与领导的熟悉程度。

上班第一天结束，他就趁着领导等车的几分钟打了招呼，当领导礼貌性地问他一天工作下来感觉怎么样时，他侃侃而谈："还可以，我很快适应了这里的工作节奏，今天您交给我的策划案，我已经快完成了，明天早上就能发到您的邮箱，我知道这份策划案很急，所以晚上加班再详细检查一遍。"领导赞许地点点头，拍拍他的肩膀："好好干！我看好你。"

在之后的工作时间里，小张总会不定时地汇报工作，而他汇报工作很有诀窍，简单明了，几句话就能让领导清楚工作进展情况，令领导对其大加赞赏。有一次，产品出问题了，同事担心被批评而选择暂时不汇报，而小张却及时汇报，领导对此做出准确的判断，及时挽救了危急局面。经过这个事情，领导对其更加器重，当即在一个月后破例提拔了这个来公司不到半年的职场新人。

一个成功的员工必然是一个善于汇报工作的人，因为在汇报工作的过程中，他能得到领导对他最及时的指导，更快地成长,也因为汇报工作,他能够与领导建立起牢固的信任关系。

古人曰:"一人之辩,重于九鼎之宝;三寸之舌,强于百万雄兵。"现代社会人们说:"当兵的腿,当官的嘴;好马长在腿上,能人长在嘴上;讲话好了,叫有水平;写字好了,叫有文化;汇报好了,叫有能力。"而员工从优秀到卓越应该具备三种能力:工作能干、坐下能写、站起能说。找找你在职场不被赏识的原因,是不是没做好这三点呢?

> **心理启示**
>
> 很多人抱怨自己在职场不受领导关注,总是被忽略。你是否找了自己的原因呢?在现代注意力经济时代,你的关注值有多少呢?吸引关注度,要学会汇报工作,多与领导接触,那自己的关注度自然会直线上升。

认真工作,但也要懂得展现自我

很多内向者都可以说是勤奋工作的典范,在职场中,他们总会恪守"脚踏实地"的原则,做任何事情都循序渐进。他们明白,如果要想获得成功,就必须从一件件小事做起,哪怕是一件微不足道的小事。他们更愿意通过慢慢添加一砖一瓦,踏踏实实地坚守自己的岗位,最终打造出属于自己的一片天地。不过，正因为他们专注于勤奋工作，而丧失了许多展示自己的机会。其实，在职场中，不仅要勤奋工作，更需要懂得抓住机会展现自己。

孙女士在一家公司上班，她工作认真努力，人也很聪明，一直在业务部任职，并且靠长年累月积攒下来的良好的客户关系，业绩也一直很好。她在同一个工作岗位上做了好几年，虽然薪水优厚，上司与同事也都很喜欢她，但她并没有因此平步青云。

孙女士那么优秀，也很受上司和同事们的赏识，但是为什么却一直得不到提拔和重用呢？那是因为她一直以来显得内向，不善于表现自己，特别是不善于向上司主动汇报工作。孙女士的能力是很强的，上司也很欣赏她，但是上司更欣赏的是敢于担当的员工，比如刚到公司不久的小万。

小万大学刚毕业，正是"初生牛犊不怕虎"的年纪。有一次，在公司例行大会上，董事长表示自己手上有一个重要的企划案，希望在座的各位能给出一个切实可行的策划方案。同事们都面面相觑，你看我，我看你，面有难色，都不敢接这个"烫手山芋"。

小万刚开始觉得自己是新人，不敢与同事争功。可是，等了几分钟后，还是没有人去接企划案，急性子的小万坐不住了，腾地站起来说："我想试试"。董事长看见有人能站出来接受这个任务，也露出微笑，但看到是一位新来的员工,又是个女孩,显得有些不放心:"你能行吗?"这可激起了小万的好胜心:"一定行,给我一周的时间,我会把它做好的。"

就这样,在下一次的公司例行大会上,董事长拿着一份企划案,赞许地看着小万:"做得很好!希望你继续努力,公司需要你这样的人才。"立刻,会场上响起了热烈的掌声。

正是因为小万大胆地站起来,表达自己的想法,最终用实际行动证明了自己的能力,赢得了全公司同仁的认同。

如果小万在会场上一直沉默,那么,她的能力就不会因这个机会而得到展示。正是她大胆说出自己的想法,才让老板对她赞赏有加。如今的社会,人才济济,作为女性,如果你不把握适时的机会,说出自己真实的想法,展现自己的能力,那么你就会永远地被埋没。俗话说:"酒香也怕巷子深",说的就是这个道理,如果你是一个各方面条件都优秀的人,更要大胆表现出来。

1. 认真勤奋地工作

在日常工作中,除了各司其职,内向者更需要认真做事,体现自己作为一个职业人的职责与精神。当一个教师按照教学大纲的要求备好课、上好课,这是一种职责,但如果教师在传道授业解惑的同时还可以顾及学生的体验,争取用最佳的方法、最好的形式以及最合理的时间把知识传授给学生,那就不是简单地教书了,而是认真做事了。

2. 大胆表现自己

如果你足够优秀，就要勇敢地表现出来，并不是说对方了解你的优秀，就会重视你。要想受到他人的重视，就要敢于表现出来，哪怕是向他表功。表功并不是骄傲的体现，恰恰是你能力的表现，如果你真的是有功之臣，得到理应受到的重视，也是无可厚非的。

> **心理启示**
>
> 对于我们而言，在职场上不仅要努力工作，脚踏实地，还需要展示自己优秀的一面。现代社会，"酒香也怕巷子深"，如果你只是埋头工作，不被人记住，那是可悲的。或许，你自以为已经很努力了，但事实上这对于你本人的晋升是没有帮助的。

警惕羊群效应，大胆说出你的想法

在生活中，当大家的意见无法统一时，绝大多数都会采用"少数服从多数"的规则。虽然，我们也经常说"真理掌握在少数人的手里"，但还是挡不住随大流的趋势，这就是人类的心理。这样的心理被形象地称为"羊群效应"，羊群本身就是一种很散乱的组织，平时在一起也是盲目地左冲右撞，一旦头羊动起来，其他的羊也会不假思索地一哄而上，全然不顾前面有可能出现的危险。"羊群效应"就是一种跟风行为，表现了人类共有的一种从众心理，这种从众心理很容易导致自我盲从。通俗来说，每个人都有可能存在随大流的心理特征，好像人类本来是不能忍受孤独的，所以，一直以群居的方式来生活。正因为这个道理，他们不能忍受独自坚持着，而需要与大众持同样的态度。当然，羊群效应所告诉我们的并不是"群众的眼睛是雪亮的"，而是侧面告诫我们：做事不要跟风，要有自己的独到见解。

实际上，"羊群效应"本身是一种无法认同的做法，社会心理学家认为，产生从众心理最重要的因素在于有多少人在坚持某一条意见，而并不是这个意见本身。即使有少数人有自己的意见，但他们不会在众口一词的情况下坚持自己的意见。在实际生活中，每个人都有不同程度的从众倾向，他们总是倾向于大多数人的想法或意见，以此来证明自己不是孤立的。由于羊群效应，很多人抛弃了自己的想法和意见，转而同意他人的看法，尤其是在职场中，更使许多人丧失了脱颖而出的机会。

有这样一个笑话：

一位石油大亨到天堂去参加会议，当他踏进会议室时，却发现里面已经座无虚席，自己根本没有地方落座，于是他灵机一动，喊了一声："地狱里发现石油了！"这一喊不要紧，天堂里的石油大亨们纷纷向地狱跑去，很快，天堂里就只剩下自己了。

这时，这位大亨心想，大家都跑了过去，莫非地狱里真的发现石油了？于是，他也急匆匆地向地狱跑去。

这虽然是一个笑话，却深刻地反应了从众心理的现象。当看到大多数人都在做同一件事时，尽管理智上不认同，但还是不由自主地觉得那样做是对的、正确的，而自己没有任何理由来拒绝做这样的事情。他们并没有把自己的看法作为判断标准之一，而是以人数的多少来判断这件事情是否自己也要做。

法国科学家让亨利·法布尔曾经做过一个松毛虫实验，他把若干松毛虫放在一只花盆的边缘，一条挨着一条，使其首尾相连成一圈。他又在花盆的不远处，撒了一些松叶，那是松毛虫最喜欢吃的。就这样，松毛虫开始一条跟着一条绕着花盆一圈又一圈地爬，一走就是七天七夜，最终因为饥饿劳累而死去，而可悲的是，只要其中任何一条松毛虫稍稍改变路线就能吃到松叶。这就是动物世界里的"羊群效应"，但是人类何尝不是如此。

"羊群效应"给所有的职场者这样的启示：做事不要跟风，而要有独到的见解。在职场中，每每遇到上司询问有什么解决的办法，下属总是会人云亦云，即使心中已经有可行的办法，也总是憋着不说出来，在他们看来，既然大部分人都同意的观点，怎么会有错呢？但事实往往并不是这样，要知道"真理往往是掌握在少数人手里的"，如果想在众多职场者中脱颖而出，不妨克制"从众心理"，大胆表达出自己的想法。

那么，在职场中，如何才能避免"羊群效应"呢？

1. 切勿"人云亦云"，而是需要有自己的判断

面对同一件事情，不同的人有不同的判断标准，虽然在某些时候，人们会因为从众心理形成了统一的观念或看法，但在这时，我们依然不应该放弃自己的判断，不要人云亦云，而是需要根据自己的判断标准，来检验结论是否正确，如此，你才能在关键时刻提出真知灼见。

2. 群众的眼睛并不是雪亮的

羊群中的头羊发现了一片肥沃的绿草地，并在那里吃到了新鲜的青草，后来的羊群就一哄而上，你抢我夺，既看不到远处还有更好的青草，又全然不顾旁边虎视眈眈的狼。大量事实证明，群众的眼睛并不是雪亮的，也并非多数人的意见就是正确的。因此，我们更应该坚持自己的意见和观点，如此，或许你会更受上司的器重。

3. 收集信息并加以正确判断

羊群行为产生的主要原因就是信息不完全，由于未来状况的不确定，导致人们的判断力出了问题，因而才有了从众的盲动性。事实上，正确、全面的信息才是决策的基础，在这个时

代，信息的重要性是不言而喻的，当然，要找到正确的方向，敏锐的判断力也是必不可少的。

> **心理启示**
>
> 很少有人天生就拥有明智和审慎的判断力，判断力是一种培养出来的思维习惯。因此，每个人都可以通过学习或多或少地掌握这种思维习惯，只要下功夫去认真观察、仔细推理就可以培养出来。收集信息并敏锐地加以判断，是让人们减少盲从行为，更多地运用自己理性的最好方法。

面对虚伪的同事，别被当成软柿子

职场中，在我们身边有很多虚伪的同事，他们常常表面对你表现得很友好，但是背后却在说我们的坏话，或者使计策陷害我们。当我们与这样的人相处时，一定要格外小心，以免被他们的表象蒙骗。当然，在我们的工作中，什么样的人都会遇到，只要把握好彼此的距离，那么与其相处还是可以的，毕竟每个人除了缺点还有优点。但如果有可能，还是尽量少与那些虚伪的同事打交道。

小丁是一家公司的普通职员，这些天她心情不是很好，因为现在的主管是一位喜欢对下属指手画脚的人，他希望所有的事情都能按照自己的方法进行。这让小丁感觉自己就是一个牵线木偶，完全被人操纵。

小丁与主管的秘书关系还算不错，有一次在一起吃饭，两人聊得还可以，小丁以为遇到了知音，把自己所有的苦闷一股脑儿说给对方听。她还心存幻想，希望主管的秘书能将自己的苦恼反馈给主管。

结果第二天，也不知道主管的秘书转述了些什么，当主管见到小丁的时候，脸色很难看，说话嗓门也更大了。小丁将秘书当作知心朋友，原来她是一个虚伪的人，小丁既愤怒又后悔。

虚伪的同事一般都戴着面具与你交往，他不会在你面前暴露真实的自己。所以，在更多时候只要我们做好自己的工作，小心提防对方就可以了。假如对方是一个虚伪的人，你需要做的就是与其保持一种有距离的关系，没有必要揭开对方虚伪的面具，因为你们毕竟只是同事关系，而且为了工作还要继续协作下去，也没有必要去追究对方虚伪的目的，只要没有伤害到自己，完全可以保持一种平和的心态。

那么，面对虚伪的同事时，我们应该怎么做呢？

1. 不要和他们说真心话

面对虚伪的同事，千万不要说出你的真心话，或者是向对方吐露一些你的秘密、隐私。因为那些虚伪的人通常都戴着假面具，他们可能在赢得了你的好感之后，进而获取你的秘密、隐私，把那些作为他在其他同事面前的谈资。因此，对待那些虚伪的同事，只需要随便寒暄几句即可，不需要把对方当作真心朋友那样对待。

2. 不要在他面前抱怨其他的同事

当你们在聊天时，千万不要因为自己内心的坏情绪就在他面前抱怨其他的同事。如果他知道你对某位同事有不满情绪，他就会有所行动。他有可能会把你所抱怨的那些再添油加醋地告诉对方，使你们之间的关系更加恶劣；他也有可能在公司同事面前，假意站在你这边，"帮着"你说那位同事的不是，并且还会顺势把你对同事的抱怨说出来，这样一来，你和另一位同事都被迫陷入了尴尬的窘境。

3. 保持自己的风格，不要过于迁就他

有时候，虚伪的同事会对你进行甜言蜜语的攻势，以此来请求你的帮助，这时，你一定要保持自己的做事风格，不能因害怕得罪人而迁就他。当然，直接拒绝，这样得罪一个虚伪的同事也不是一件好事，但一味迁就更不是上策，这会使对方感觉找到了你的软肋。最佳的办法就是巧妙地拒绝，既不伤彼此和气，也使对方明白你真的有难处，从而理解你。

4. 谨言慎行，做好自己的本职工作

那些虚伪的人都善于观察，洞察他人的心思，所以，在交往中千万不可小看了他们的能力。而自己更要谨言慎行，做好自己的本职工作，千万不要企图做一些小动作，这样只会让他们抓住你的把柄，揪住你的小辫子。俗话说："身正不怕影子斜。"只要你的言行举止没有丝毫漏洞，他们就拿你没办法。

5. 与他们沟通要有防备之心

俗话说："防人之心不可无。"特别是面对那些虚伪的人，自己一定要提防。无论是说话还是做事都要果断，自己的事情自己做主，对方给你建议或者意见只能作为参考，只能按照自己的想法作出决定。有时，如果你轻易地相信了别人所说的话，就有可能中了他的圈套，把自己推到一个进退两难的境地。

> **心理启示**
>
> 总而言之，你在与那些虚伪的人打交道时一定要小心，以防自己上当受骗。其实，从某种角度上说，和虚伪的人一起共事并不是一件坏事。因为你可以从他们身上学到很多，如善于观察，善于总结，善于洞察人心，与那些虚伪的人相处可以让我们变得更加老练。有的同事值得你真诚地对待，有的只是一般同事或是只能算个表面朋友，所以虚伪只是给那些需要对其虚伪的人，真心朋友则不需要。

升职加薪，需要了解这些"职场规则"

在职场中，员工渴望能通过职位、薪资等来展现自我价值，起码自己的价值要与之平衡。不过，大部分员工遭遇到的却是这样的情况：同事好像一天啥没干，升职加薪却很快，而自己平时勤勤恳恳地工作，这种好事却从来没落到自己身上，这又是为什么呢？原因就在于自己太内向，不好意思将升职加薪的话说出口。其实，作为上司，他们很希望每一位员工向自己汇报"今天做了什么、完成了什么、发现了什么问题"，毕竟上司不可能时时刻刻关注每个人的表现。所以，当你及时向上司报告这些问题时，那他就会认为你是一个非常有责任感、很可靠的员工。如此一来，升职加薪又算得了什么呢？

小李是一名销售员，他善于寻找机会向上司提出加薪，如在上司心情好的时候，他会说："老板，我们干得这样好，给我们涨点工资吧。"这时上司想了一会儿，说道："小李，我知道你从业务员做起，时间已经不短了。你在业绩中所做的工作总结，我觉得提到的那几点都非常重要。但现在的情况是，我们部门离第一次薪金评估还有很长时间，而我个人无法批准薪金评估报告。"

"另外，说实话，我个人觉得按照我们部门的薪金评估来说，就你现在这份业绩表中的数据的说服力还显得很不够。现在离年底的评估报告还有一段时间,你可以再努力努力,争取让你手上的那两个大客户跟我们公司把合约签了。而且,我们公司最近推出的那个新产品,相信你肯定也能做出业绩来的,你不妨尝试一下,这样,在年底评估的时候,你就可以有一份相当有说服力的报告给我,到那时,我一定会尽力为你争取加薪。"

虽然此次升职加薪不成功,但起码有些苗头。当然,上司也表明,加薪要有客观的工作成绩,而他目前的工作成绩还不足以享受这个薪资待遇。假如上司不同意加薪,不妨和他谈一下是否可以通过其他方式来补偿,如奖金、休假、补助等。甚至可以将升职加薪的请求转化为公司为你提供职业发展的机会,如调离到自己更喜欢的岗位、参加培训等,如此也表明自己为公司服务的热忱之心。

加薪一直是莉莉梦寐以求的事情,毕竟在厂里已经工作4年了,她觉得自己工作态度还可以,也没犯过什么错误,但是上司对此却并不关注,也不主动给莉莉升职加薪。莉莉觉得自己的价值应该得到提升,心里很苦恼,她曾经在工作总结会上暗示过老板,不过对方却无动于衷。

但是,如果让莉莉明确地提出升职加薪,她却又觉得不好意思,怕被拒绝,不提出来又觉得不甘心,最后她还是鼓起勇气、委婉地向上司提出了加薪要求。没想到,上司在考察她工作几周后决定为她加薪。对此,莉莉更真切地感到,属于自己的利益就应该努力去争取。

当然，员工在向上司提出升职加薪之前，还需要正确估量一下自己的价值。假如你为公司付出很多，理应加薪，那被拒绝的可能性就很小；假如你平时喜欢偷懒，下班从来都是到点就走，那被拒绝的可能性就很大，面对这样的情况，还不如好好提高自己。

不仅如此，注意说服领导为自己升职加薪的最佳方式是面对面谈话，不建议打电话、发电子邮件或发信息等，这样的沟通都是间接的，因为看不到对方的表情，有可能会造成不必要的误解。

心理启示

上司是否愿意为你升职加薪，还在于你是否为公司竭尽全力，或者你本身有无潜在的价值。所以，员工在向上司提出加薪时需要尽可能地摆出事实和依据，如最近工作比较多，可以用相关的真实数据说明，这样上司极有可能松口，答应为你加薪。

职场倦怠，如何调整自我

不管是刚刚步入职场的新人，还是有多年工作经验的职场老人，他们都可能突然对自己目前所从事的职业失去兴趣，对自己的职业生涯感到非常迷茫，这是一种正常现象，心理学家称之为"职场休克"。内向者因其内向的性格，更容易陷入职场休克。有职场休克的内向者一直以来做事积极主动、认真负责，却忽然开始感到厌倦松懈，甚至偶尔不想工作；同时对自己的未来感到迷茫，焦躁烦闷；经常感到无力应付工作。

露露是一家公司的营销总监，对于目前的工作，她用了很强烈的两个字来形容自己的心情：疲倦。在过去从业的十多年里，她换过几家公司，不过一直从事销售工作，从一名普通销售员做到销售总监，她觉得自己在事业上还是很成功的。不过，她在现在的公司任职长达6年，而由于自己太熟悉销售，领域内的所有东西似乎都能掌控，她已经做腻了。

露露工作疲倦的原因是自己对工作内容和工作环境太过熟悉，工作对她而言缺乏新意，没有任何挑战。有的内向者在大公司工作，入职时公司框架就已经搭好了，没有自己建立构架的成就感，也没有磨合期的快感，只有应对工作中各种挑战的能力，但每天工作没有任何意外惊喜，自然会感到疲惫。

若内向者遭遇"职场休克"，该怎么办呢？

1. 主动寻找新鲜感

假如内向者遭遇了"职场休克",那不妨利用假期换个环境,调整一下自己的心态。或者,也可以利用这段时间考虑换个工作环境,给自己新的挑战,寻找新的激励点。

2. 保持新鲜感

随着公司的发展和竞争的激烈,公司也会不断出现新的岗位,以往的规定未见得就比较规范成熟,有些难免跟不上新的形势和公司的发展。所以,即便是长时间在同一个公司,也有很多东西是需要不断学习的。如果内向者觉得自己已经有足够的能力应付工作了,但实际上是你应该进修了。内向者应该保持自己"杯子"里水的新鲜度,将"杯子"里一些陈旧过时的水及时倒出来,不断加入新鲜的水,这样就不会有厌倦感,也就能避免"职场休克"了。

3. 时刻自省是否做到更好

有的人自以为做到更好了,而真实情况却是,上司对自己千篇一律的工作方式也已经厌倦,不要以为自己才会产生"职场休克",上司对这方面是最敏感的。所以,内向者在职场生涯中需要时刻反省自己,是否做到了更好,是否跟过去相比已经进步很多,是否做到在实际工作中不断进步,如此才能轻松跨越"职场休克"。

心理启示

假如你对目前的工作感到疲倦,那表示你目前已经进入浅层次的"职场休克"了,而前面有可能埋伏着更大的"职场休克"。这个过程,就如同行进中的列车,司机踩了刹车,车不会立即停下来,还会慢慢滑行一段距离。内向者现在厌倦了,已经开始职场赛跑的减速了,不过这并无大碍,关键在于,要懂得减小减速区间,给自己"加氧",以防真正的"休克"。

第05章
大方展示自己：害羞的内向者如何突破自我设限的不足

日常生活中，内向者总给人一种羞涩的印象。事实上，内向者并非害羞，而是不喜欢表达自己罢了。当他们习惯于自设框架，束缚自己，自然而然就变得有点害羞了。内向者，要大胆走出不好意思的怪圈，学会展现自我的风采。

沉默，有时候并不是"金"

　　害羞的人都具有一种隐忍的性格：他们面对巨大的压力，自己一个人默默地承受下来；往往有自己的想法，却埋在心里，不说出来；受了委屈，也只好偷偷把眼泪往肚里咽。这种心理特点，影响着人们的生活和工作。在日常交际中，有时沉默不再是"金"，真实地说出自己的想法，是害羞的人走出自我的一个途径。当他不再沉默的时候，自然也是可以坦然说"不"的时候。

　　在某些时候，我们千万不要保持沉默，要抓住机会表现自己的想法，才有可能成功地把自己推销出去。如果你一直保持沉默，沉默就会把你埋没，你也就没有更好的机会来推销自己了。

　　伯乐寻找千里马的故事想必大家都耳熟能详：当伯乐在养马人的介绍下一一看过外表膘肥体壮的马后，并没有找到自己心仪之马，正准备离开之际，突然从不远处传来一声响亮的马叫声。伯乐大喜过望，此马叫声洪亮，如大钟石磐，直上云霄，当即便去寻找。原来这是一匹站在马厩角落里瘦弱不堪、被主人用来做杂役的"驽马"，但正因其一声引颈长嘶，让伯乐看到了它的价值，这才逃离了"骈死于槽枥人之手"的悲惨命运。看来，沉默的金子其实是很难被人发现它也能闪光的。

1. 有想法就要说出来

有的人习惯矜持地生活，遇到别人问他吃什么，他习惯回答："随便"。别人问他到哪里去玩，他的回答还是两个字："随便"，好像他的思想只有"随便"这两个字。其实这时候，你应该说出自己心里的真实想法，或许在你的推荐下，大家都会尝到一顿美味的佳肴；或者在你的带领下，大家都会玩得很尽兴。这样大家会发现，原来你也有多姿多彩的一面。如果你总是习惯说"随便"，你自以为很随意，其实并非如此，你的"随便"让对方感觉有负担，因为你没有把自己真实的想法表现出来，让他觉得可能没有照顾到你的心思。所以，应该学会大胆地说出自己真实的想法，这既会让对方感觉你很有主见，又不会亏待自己。

2. 沉默有时毫无价值

沉默在某些时候，是非常具有价值的，但不是每一次的沉默都有它的价值。所以，我们不要总是习惯性地把头深深地埋下，而要昂首挺胸，敢于说出自己的心声。而且你的某些独特魅力，也是通过说话表现出来的。例如，渊博的学识、有魅力的谈吐、优美的声线，通过说话可以彰显你思想的深度，还可以表露出你除了外表以外的内在吸引力。

3. 抓住每个机会展示自己

我们应该抓住生活中的每一个机会来表现自己，而说话无疑是最合适不过的一个机会。学会用语言来表达自己的意见和想法，让他人更加了解你，进而对你产生信赖，这是每一个害羞的人推销自己的最佳途径。

> **心理启示**
>
> 与人交往的过程中，常常会遇到与自己意见不同的情况，自己会因矜持，或是不好意思，或是不自信，或是不敢说等原因而沉默。其实，你的那一瞬间沉默会给别人一种错觉，认为你是默认的态度，你是认可他的。因此，如果你在这些问题上有什么好的建议，就要大胆地说出来，别人才能了解你的真实想法及能力。

日常社交，要敢于打招呼

在每天的人际交往中，我们都在频繁地与人打招呼，打招呼表示一种问候，一种礼貌，一种热情。有时候，内向者遇到一个久未见面的熟人，或从来不曾见面的陌生人，就会不好意思打招呼。你是否有过这种情况呢？其实，我们千万不要忽视了一个招呼的作用，一个小小的招呼就是我们人际交往中的润滑剂。

对同事的一个招呼，可以有效地化解彼此之间的敌意；对朋友的一个招呼，可以唤起双方之间深厚的友谊；对陌生人的一个招呼，可以减少彼此之间的陌生感。总而言之，一个招呼可以使人与人之间的关系更加和谐、融洽。特别是我们在与陌生人的交往中，恰到好处的一个招呼是必不可少的。这只需要我们在见面时互相问候一声"早上好""中午好""晚上好"，即便只是一个微笑、点头，那也是一个招呼。

请保持你的礼貌和热情，不管是对你的朋友，还是对你的敌人。如果你能够奉行这一原则，就会在复杂的人际交往中受益匪浅。有时候，仅仅一个看似不经意的招呼，会加深你在陌生人心中的印象，会增加陌生人对你的好感。你们之间的关系常常在这种不经意间变得更加密切，而且对你赢得陌生人的友谊也有很大的帮助。

1930年，西蒙·史佩拉传教士每天习惯于在乡村的田野之中漫步很长的时间。无论是谁，只要经过他的身边，他都会热情地向他们打招呼问好。在他每天打招呼的对象中有一个叫米勒的农夫。米勒的田庄在小镇的边缘，史佩拉每天经过时都看到米勒在田间辛勤地劳作。然后，这位传教士就会向他打个招呼："早安，米勒先生。"

当史佩拉第一次向米勒道早安时，米勒根本没有理睬，只是转过身去，看起来就像一块又臭又硬的石头。在这个小镇里，犹太人与当地居民相处得并不好，成为朋友的更绝无仅有。不过，这并没有妨碍或打消史佩拉传教士的勇气和决心。一天又一天地过去，他总是以温暖的笑容和热情的声音向米勒打招呼。终于有一天，农夫米勒向传教士举举帽子示意，脸上也第一次露出了一丝笑容。这样的习惯持续了好多年，每天早上，史佩拉会高声地说："早安，米勒先生。"那位农夫也会举举帽子，高声地回道："早安，西蒙先生。"这样的习惯一直延续到纳粹党上台为止。

当纳粹党上台后，史佩拉全家与村中所有的犹太人都被集合起来送往集中营，史佩拉被送往一个又一个的集中营，直到他来到最后一个位于奥斯维辛的集中营。从火车上被赶下来之后，他就站在长长的行列之中，静待发落。在行列的尾端，史佩拉远远地就看出来营区的指挥官拿着指挥棒一会儿向左指，一会儿向右指。他知道发派到左边的就是死路一条，发派到右边的则还有生还的机会。他的心脏怦怦跳动着，越靠近那个指挥官，他的心就跳得越快，自己到底是左边还是右边？

终于，他的名字被叫到了，突然之间血液冲上他的脸庞，恐惧消失得无影无踪了。然后那个指挥官转过身来，两人的目光相遇了。他发现那位指挥官竟然是米勒先生，史佩拉静静地朝指挥官说："早安，米勒先生。"米勒的一双眼睛看起来依然冷酷无情，但听到他招呼时突然抽动了几秒钟，然后也静静地回道："早安，西蒙先生。"接着，他举起指挥棒指了指说："右！"他边喊还边不自觉地点了点头。

一句简单的问候，小小的招呼，竟挽救了自己的生命。其实，礼貌和热情都是人际交往的润滑剂。正是那句真诚的问候感动了米勒，史佩拉才得以生存下来。因此，我们面对周围的陌生人，尽可能地展现我们的礼貌和热情，主动打个招呼吧。即便做不到挽救我们的生命，但依然能够带来诸多好处。

1. 消除彼此的陌生感

也许，我们在初次见面第一次打招呼的时候，双方都会觉得有点儿不自然，彼此是陌生的，也不会有太多的感触。但是，当第二次在大街上碰到，你不经意喊出对方的名字，跟对方打招呼时，对方就会有说不出来的亲切感。并且这种亲切感随着你们一天一天地打招呼、彼此寒暄会变得更加强烈，到最后你们再见面时，已经完全没有了疏离感，彼此已经不再陌生，甚至有可能会成为好朋友。其实，人与人之间的关系就是这样建立起来的，仅仅是一个招呼，就足以让双方不再陌生。

2. 拉近双方之间的距离

在日常工作中，领导和下属打招呼，即便次数很少，可它也会悄悄地拉近上下级之间的距离。这时候，领导不再高高在上，而是像朋友一样亲切。要知道，领导与下属之间的关系是企业管理的核心，如果下属只是一味地惧怕你，那么，这样的企业就不能进行有效管理与沟通。当领导与下属因为一声招呼、一句问候而成了朋友，他们之间就是一种平等的关系，当工作出现了问题，双方就可以互相讨论如何来解决。因此，领导者要想管理好一个企业，处理好上下级之间的关系，可以从打招呼做起。

> **心理启示**
>
> 有时候，我们并不需要挖空心思去与对方寒暄，只是打声招呼，就足以唤起对方心中的温暖。没有一个人会去拒绝温暖的微笑和热情的声音，这些不仅能够博得对方的好感，还能化解对方冰冷的心。

告别羞怯，内向者要学会大方待人接物

光鲜亮丽的明星或是领奖台上的成功人士总能激发起常人模仿的欲望，仿佛像他一样，自己也就是成功者了。不过，这种模仿好像往往并不能给自己带来成功或是快乐，相反会让迷失自我自己感到焦虑、痛苦，而且这种焦虑、痛苦是和失败联系在一起的，毕竟别人的成功不可复制。卡耐基认为，对成功和快乐的渴望是人们模仿别人的出发点，不过事实已经证明这是一种十分不明智的做法。当你因模仿别人而感到苦恼的时候，应该相信这样一句话：做你自己，那是最快乐的，也是最好的。

艾尔太太来自北卡罗来纳州，小时候的她是一个非常害羞敏感的女孩。偏胖的体型已经让她感到自卑，更糟糕的是，她的母亲是一个非常古板的人，母亲觉得穿漂亮衣服是很愚蠢

第05章　大方展示自己：害羞的内向者如何突破自我设限的不足

的，并且衣服穿紧了反而会把衣服撑坏，所以还不如穿宽松一些。所以，拜母亲大人所赐，艾尔太太小时候所穿的都是肥大的衣服，这使她更自卑。她在学校几乎不会参加什么聚会或活动，因为也没有人邀请她。在她的记忆中，她觉得学校就是一个读书的地方，她不曾在这里认识朋友，也不曾感受到快乐。那时候的她真的非常害羞，她总觉得自己跟其他人不一样，没有人会喜欢自己。

长大后，艾尔太太嫁给了现在的先生，他比艾尔太太大好几岁。最要命的是，先生和他的家人平时表现得非常冷静和自信，这使艾尔太太如同回到了孤独的学校里一样。她曾经希望自己可以变得跟他们一样，结果总是徒劳的。她也曾向他们学习，先生和家人也会尽力帮助她，不过，越是接受他们的帮助，艾尔太太越是想往后缩。艾尔太太越来越容易生气，她总是一个人待在家里，不想接触任何人。假如门铃响了，她也会非常害怕去开门。艾尔太太非常清楚，自己过得到底有多么失败。

不过，她又不希望自己的先生发现自己的状态。所以，当她与先生一起出席公共场合时，艾尔太太会假装自己很高兴，有时甚至会夸张地表现出自己高兴的样子。不过，等回到家里，她就会因之前的过度表现而感觉体力不支，接下来的几天，艾尔太太都会感到非常疲惫，她又开始惧怕出去应酬。日子总是这样日复一日地过着，艾尔太太再也承受不住内心的恐惧、忧虑、孤独,她甚至觉得自己活在这个世界上是毫无价值的,她想自杀。

当然,艾尔太太还没来得及自杀的时候,发生了一件事。有一次,艾尔太太与婆婆闲聊,婆婆说到了自己如何教育子女,她说:"不管遇到什么事情,我都坚持鼓励孩子做最好的自己……"做最好的自己?一语道破梦中人,艾尔太太开始重新审视自己的人生,她突然发现自己生活中的所有不幸都是因为没有做最好的自己,而总是强迫自己活在另外一个套子里。

艾尔太太下定决心:一定要做最好的自己。她开始尝试着做自己,首先她仔细分析了自己的个性,努力认清自己,找出自己的优点,然后尽量地了解衣服的颜色和款式,希望可以在服装搭配上穿出自己的品位。

当然,做好充分准备的艾尔太太开始走出家门,认识新的朋友,甚至参加社团。当社团里要求艾尔太太上台主持某个活动时,尽管她内心很害怕,但是通过多次上台锻炼,她也积累了不少的经验。或许,努力挣脱过去的自己,做最好的自己,是一个漫长的过程,但艾尔太太却感受到一种从未有过的快乐。

所以,艾尔太太在教育孩子时,她也经常将自己历经苦难才获得的经验传授给他们。她告诉孩子们:"不管遇到任何事情,永远坚持做最好的自己。"

内向者应该记住,保持自我是一件相当重要的事情。如果你做不到,那么你永远都不可能成为一个快乐的人,因为你总是活在别人的影子里。有心理学家说："保持自我这个问题几乎和人类的历史一样久远了，这是所有人的问题。"其实，大多数精神、神经以及心理方面有问题的人，其潜在的致病原因往往都是不能保持自我。

女播音员玛丽·马克布莱德第一次走进电台的时候，也曾经试着模仿一位爱尔兰的播音明星，因为她当时很喜欢那位明星，并且很多人也非常喜欢那位明星，不过很遗憾，她的模仿失败了，因为她毕竟不是那位明星。面对失败，她深深地反思了自己，最后终于决定找回自己本来的样子。她在话筒旁边告诉所有的听众，自己是一位来自密苏里州的乡村姑娘，愿意以自己的淳朴、善良和真诚为大家送去欢乐。结果有目共睹，她现在根本不需要去模仿任何人，甚至还有很多人想要模仿她。每个人都是这个世界上唯一的、崭新的自我，你确实应该为此感到高兴，因为没有人能够代替你。

> **心理启示**
>
> 内向者应该充分利用自己的天赋，因为所有的艺术都是一种自我的体现。你所唱的歌、跳的舞、画的画等，所有的都只能属于自己，而遗传基因、经验、环境等一切都造就了一个具备个性的自己。无论如何，内向者都应该好好管理自己这座小花园，应该为自己的生命演奏一曲最好的音乐。

不惧改变，开启新生活

在这个世界上，并没有一成不变的事情，这个世界无时无刻不在发生着巨大的变化。但是，改变将会引起人们内心的恐惧，事实上，几乎所有的改变都会导致恐惧，不管是好的改变，还是坏的改变，都会唤起内向者内心的恐惧。

想到结婚，有的人马上会陷入恐慌：如果爱情无法天长地久怎么办？如果自己选错了伴侣怎么办？想到换新工作，他又会马上惶恐不安：如果自己不能胜任新工作怎么办？如果公司没办法兑现求职时的承诺怎么办？甚至，想到改变自己的发型，也会担忧不已：万一新发型看起来很糟糕怎么办？如果自己因此而变得不漂亮怎么办？虽然听起来很可笑，但事实就是如此：改变常常令内向者感到局促不安。

王太太结婚那年，嫁给了一个房地产开发商，因为家里相中了对方家里的财势。第一次去他家，她看着旋转的大厅以及宽阔的大花园，心里觉得没什么好拒绝的。于是，婚事就这样答应了下来。

结婚后，王太太过着衣食无忧的阔太太生活，老公整天忙于工作，她无聊时就约上几个朋友打打麻将，或者飞到香港去购物。她常常会想：如果失去了这样的生活，自己该怎么办？当然，王太太的担心并不是毫无理由的，最近，楼市跌得厉害，许多房地产开发商的公司都出现了问题。就好比经常与自己一起打麻将的张太太，去年房市低迷，她家硬是没熬过来，现在一家人挤在几十平米的出租房里。每次打电话，张太太就哭："这日子是没法过了。"

没想到，过了不久，这样的猜想成了事实。王先生投资失败，不仅血本无归，而且欠了几十万元的债。王太太还没来得及看一眼后花园，就坐着一辆破旧的面包车走了。搬家后，他们租了一间房子，王先生的家人凑了钱还了债，王先生和王太太都开始了打工生活。

上班、煮饭、洗衣服、带孩子，这些事情，王太太连想都没想就都做了。原来，她发现自己的老公除了会赚钱以外，还会炒菜、煮饭，还会逗孩子开心。以前他太忙，两个人几乎没好好地在一起生活，现在这样的日子挺好。王太太想起以前总害怕改变自己的生活，但是，真的变了，她却发现没什么不好，失去了物质上的富足，却找回了久违的家的温暖。

上帝在关上一扇门的同时，会为你打开另一扇窗。当我们过着熟悉生活的时候，总是害怕会发生改变，但是，许多灾难、横祸是无法阻挡的，当这些发生时，我们能做的是改变我们的心态，以及我们内心的胆怯。不要在乎自己失去了什么，哪怕是工作、房子。无论我们的生活发生了怎样的巨变，我们都可以从头开始自己的人生，甚至，你会重新登上新的高度。

原惠普中国区首席财政官韩颖说："好的设想常常被扼杀在摇篮里，但这绝对不是你变得平庸的真正原因，永远不要害怕改变，改变里就有契机。"

当年，韩颖离开了自己工作了9年的海洋石油总公司，正式加入惠普公司，在财务部工作。那年，她34岁，面对周围朋友的异议，她说："人生什么时候改变都不会晚。"

在20世纪80年代末期，惠普公司的员工还没有工资卡，每次发工资都是手工完成。300多人的工资，又没有百元大钞，韩颖必须得一一核实，经常数钱数得头晕眼花。一天下班后，疲惫不堪的韩颖路过公司附近的一家银行，突然灵光一闪，为什么不给员工开户，让员工凭着折子领取工资呢。

说做就做，她兴奋地告诉大家以后领工资不用到财务部门口排队等候了，直接拿着折子就可以去银行领取了。然而，事情的发展并不顺利，先是员工的抵触情绪，然后，上级领导又把韩颖批评了一顿。回到财务部，韩颖努力忍住自己的眼泪，难道自己真的错了吗？

正在这时，公司的上层领导听说了这事，公开赞许了她："你改写了公司手工发工资的历史，这种勇气和创新精神非常值得嘉奖！"

改变，本身带有一种破坏性，将意味着你将打破以前固有的东西，而重新去接纳一种新的东西。几乎所有的改变都具有破坏性，即使是好的改变。但是，在生活中，很多事情都是需要改变的，那是不容拒绝的。

> **心理启示**
>
> 有人说："生命开始于舒适地带的尽头。"无论改变本身带给我们怎样的不安心理，但是，我们必须记住：生活中的改变只是一个开始，而并不是一个结束。不要害怕改变，因为人生的乐趣就是接纳新的生活。

越羞于拒绝，你越无法拒绝

在日常工作和生活中，内向者经常会遇到一些烦恼的事：一个品行有问题的熟人缠住你，硬要你借钱给他，但你知道，如果借给他就是有去无回；一个熟悉的商人向你兜售物品，明知买下就要吃亏；有的至亲好友，从不轻易开口求人，万不得已，偶尔求你一次，若拒绝他们，轻则失望、伤心，重则大发雷霆；有的患难之交，曾经在你困难时给予帮助，如今有求于你，你心有余而力不足，但他不相信，指责你忘恩负义……遇到以上情况，你应该怎么办呢？你最应该清楚的是，自己并不是万能的，也没有"呼风唤雨"的本事，那么应该拒绝的还是要拒绝，如果不好意思当场说"不"，轻易承诺了自己不愿、不应、不必履行的职责，事办不成，以后会更不好意思见人。

罗斯恰尔斯是一位犹太人，他在耶路撒冷开了一家名为

"芬克斯"的酒吧。酒吧的面积不大，只有30平方米，不过在当地却非常有名气。

有一天，罗斯恰尔斯接到一个电话，对方用非常委婉的语气和他商量："我有10个随从，他们将和我一起前往你的酒吧，为了方便，你能谢绝其他顾客吗？"罗斯恰尔斯毫不犹豫地说："我非常欢迎你们的到来，但要谢绝其他顾客，这是不可能的事情。"这位说话非常客气的人，并不是其他人，而是美国前国务卿基辛格。原来，基辛格是在出访中东的行程即将结束的时候，在别人的推荐下，才决定到"芬克斯"酒吧的。

所以，当罗斯恰尔斯拒绝他的时候，基辛格坦言告诉他："我是出访中东的美国国务卿，我希望你可以考虑一下我的要求。"即便对方是美国国务卿，罗斯恰尔斯还是不买账，他很礼貌地回复："先生，您愿意光临本店，我感到非常荣幸，但是，因您的缘故将其他顾客拒之门外，这件事我没办法做到。"基辛格听了这样的话，气得摔掉了手中的电话。

第二天晚上，罗斯恰尔斯又接到了基辛格的电话，他首先对自己昨天的失礼感到抱歉，说明天只带三个人来，订一桌，而且不必谢绝其他顾客。没想到，罗斯恰尔斯说："非常感谢您，不过我还是无法满足您的要求。"基辛格感到很意外，问道："为什么？"罗斯恰尔斯说："对不起，先生，明天是星期六，本店休息。"基辛格央求："可是，后天我就要回美国了，您能够破例一次吗？"罗斯恰尔斯还是非常诚恳地说：

第05章 大方展示自己：害羞的内向者如何突破自我设限的不足

"不行，我是犹太人，您应该明白，礼拜六是一个神圣的日子，如果经营，那是对神的沾污。"

罗斯恰尔斯的酒吧连续多年被美国《新闻周刊》列入世界最佳酒吧前15名，而在罗斯恰尔斯身上恰恰体现出一种非常珍贵的品质，那就是拒绝的勇气。在需要拒绝的时候，罗斯恰尔斯敢于拒绝任何人，哪怕是基辛格这样的高官和权贵。

威廉问父亲："世界上最难发的音是什么字？"

父亲说："我知道一个这样的词，它只有两个字母，但是它却是世界上最难说的字！"

威廉问："只有两个字母？那能是什么呢？"

父亲回答说："在所有的语言里，我所见过的最难说的词是只有两个字母的'NO'（不）。"

威廉喊道："您在开玩笑吗？"他不以为然地说，"NO，NO，NO！这真是太容易了！"

父亲说："今天你可能觉得很容易，但以后你会明白为什么这个字是最难说的。"

威廉显得很有信心："我总能说出这个词，我肯定能，NO，这简直太容易了。"

父亲说："好吧，威廉，我希望你能在该说这个字的时候，把它说出来。"

第二天，威廉像往常一样去上学了，在学校不远处有一个很深的池塘，冬天孩子们常在那里滑冰。没想到，一夜之间，冰已经覆盖了整个湖面,但冰还不是很厚。放了学,男孩子都跑到了池塘上面,有几个甚至已经走上了湖面。

伙伴们大声喊道:"来呀,威廉,我们可以好好滑一圈了。"威廉有些犹豫,他看到冰冻得并不结实。伙伴说:"放心吧,我们滑了半天了,肯定没什么问题的。"另一个伙伴也说:"你害怕吗?只有胆小鬼才不会来呢!"

威廉无法忍受来自伙伴们的嘲笑,他一直都认为自己是一个勇敢的男子汉。威廉大声说:"我才不是胆小鬼呢!"然后就冲上了湖面,他跟小伙伴们在上面玩得很高兴。慢慢地,湖面上的孩子越来越多。忽然,有人大声喊:"冰裂了,冰裂了!"结果威廉和另外两个孩子一起掉进了冰冷的湖水里。

当人们把他们救出来的时候,三个孩子都冻僵了。晚上,威廉在温暖的炉火旁醒了过来。父亲问:"为什么不听我的话,要到冰面上去,难道我没有警告过你那是非常危险的行为吗?"威廉低声说:"是他们要我上去的,我本来并不想这么做。"

父亲继续问:"难道是他们拉着你的胳膊,把你拖上去的?"威廉回答说:"不,没有,但是他们嘲笑我是胆小鬼。"父亲说:"那你为什么不说'不'呢?你宁愿不听我的话,然后冒着生命的危险也不愿意对人说'不'吗?昨天晚上你说'不'很容易说的,但是你并没有做到,难道不是吗?"

威廉回答不上来了,现在他终于明白了为什么最难说的字是'不'字了!

拒绝的话难说，把拒绝的话说得好，更不容易。以下几招大家可以试一试！

1. 表达关心

每个人都有自尊心，当向他人求助时，或多或少都会有不安的心理。如果对于他人的求助，直接就说"不行"，势必会伤害他人的自尊心，引起他人的反感甚至愤恨，从而影响双方今后的交往。所以，当对方向你提出请求时，最好先向对方说一些关心或者同情的话，然后试图说明自己无能为力的原因，这样既可以赢得对方的理解，使其知难而退，又不伤害对方的自尊心。

2. 提供其他的解决方法

当自己对别人的请求力不从心或确实很为难的时候，你可以为他推荐几种解决问题的方法，给他提供一些参考和选择。如果你推荐的方法依然对他毫无作用，相信你的朋友也不会责怪你，毕竟你已经尽力帮他出谋划策了。当然，如果因此而成功了，你自然会成为他感激的对象。

3. 找个借口拒绝

有些事不好推辞时，借故说自己要去做事，也是一种推托的办法。如果你也遇到类似这样的情况，不妨试试借故推辞，只要对方足够聪明，肯定会明白你的意思。

4. 快速转移话题

对待他人的请求不一定非得用"是"和"不是"来回答，

把问题本身放置一边就是拒绝的最好代名词。如果对方说："我们明天再到这个地方来游玩吧！""哦！我想时间很紧，我们该回去了吧！"你的答非所问至少会让对方觉得你对这个提议很不感兴趣，一听就知道你不愿意答应他的请求。

5. 故意回避

对于一些实在很难开口的拒绝，我们除了可以采取借故推辞、转移话题的方式，还可以运用故意回避或曲解的方式向对方予以拒绝，此外，这种拒绝方式还适用于爱玩"花招"的人，可以使其有口难开。

> **心理启示**
>
> 内向者需记住，在人际交往中，没有勇气说"不"，你就会活得很被动。所以，当你不愿意时，就要勇敢地说"不"。但是说"不"也是需要技巧的，不恰当的拒绝很容易就会破坏彼此之间的和谐关系。

第06章

情感内向者："爱"字如何才能大方说出口

在现实生活中，多少人是"爱在心中口难开"呢？含蓄内敛的中国人总认为父母爱子女，姐姐爱妹妹，老公爱老婆，这些都是人之常情，根本不需要说出来。其实，在很多时候，"爱"是需要说出口的，情感也需要表达出来。

感情世界里，内向者要有洒脱的胸怀

一个人总是要看陌生的风景，结识陌生的人，甚至跟陌生人共同生活。很多经历过分手的内向女性时常会感叹："我害怕接触陌生的男性，恐惧去熟悉一个陌生人。"她们大多是在感情中受过伤，即便没有受伤，但三五年的感情经历也已经让她们疲惫。在爱情的道路中，她们发现，自己总要去认识陌生男性，熟悉、在一起，最后分手，两个人又变成陌生人。

而更多的内向女性则是抱着这样的心态：我已经习惯了之前的男朋友，连我最邋遢的样子，他都见过，那是一种怎样的过程。但现在若是需要我重新结识一个陌生的男人，突然之间觉得害怕，就好像进入到冰窖的感觉。这就是内向者的心态，也是她们苦苦追寻多年依然无法找到另一半的重要原因，她们的心境一直沉浸在过去的痛苦之中，不愿意接受新的感情，害怕接触陌生的男性。对此，笔者告诫那些内向者，需要有意识地培养自己开朗的心境，结识陌生人，展开自己的新感情。

肖璐经历过一段长达三年的感情，那是她的初恋，刻骨铭心的初恋。肖璐在最美的年纪遇到了那个男人，初涉爱河的时候，她就好像是进入了另外一个世界。那时候，男人宠她、哄她、每天陪她，肖璐每天都是笑盈盈的，心里比吃了蜜还甜，虽然，那个男人的年纪比自己大，但她不顾大街上人们诧异的目光，硬是紧紧地拉住他的手，就这样，两人幸福地走在大街上。

但是，幸福的时光总是短暂的，想要给肖璐更好物质生活的男人因忙于应酬，陪肖璐的时间越来越少，而肖璐并不满意这样的变化，两人的冲突渐渐爆发。这个过程是异常艰难的，争吵、分手、和好、吵架、分手，不断重复着，不断上演着。两人拉锯式地持续了三年，最终还是分道扬镳。但在肖璐的心里，却再也住不进其他的男人，即便自己的爱情早已经成为过去，也因此，以前性格开朗的肖璐变得抑郁起来。

她说："我不再相信爱情，这段感情让我身心疲惫，我累了。我终究明白，即便两个人的感情再好，但经历时间的流逝，没有什么东西是一成不变的，到最后，当初最美的爱情竟然变得支离破碎，这样的结果是我不能接受的。我害怕接触陌生男人，只要一接触，就能想象到我们未来吵架、分手的情景，真的太累了，我不想过这样的生活。"

肖璐是典型的沉浸在过去痛苦中的内向者，当她在爱情中受伤以后，心境便有了很大的变化。内向者在尚未接触爱情的时候，总是幻想着爱情的美好与浪漫，一旦她们在爱情中受过伤以后，就会不再相信爱情，也不再愿意开始新的恋情。对于陌生的男人，新的感情，她们都会心生恐惧，害怕自己重蹈覆辙。其实，这样的心理是可以理解的，但作为内向者，更需要打开自己的心结，努力让自己变得开朗起来，不害怕陌生，重新开启自己新的幸福旅程。

1. 不要惧怕陌生

"陌生"这个词常常会唤起内向者内心的胆怯，他们害怕去接触，更害怕自己从一个熟悉的环境走到一个全新的环境。生活总是在改变，不断从陌生到熟悉，需要一个漫长的过程。但是，如果换一个角度，你会发现，所谓的"陌生"其实就相当于一个新奇的探索之旅。例如，陌生的男人，新的恋情，都是新奇的，有可能你所接触的是之前从没遇到过的类型，有可能就遇到了一个好男人，这何尝不是一种幸福呢？

2. 该来的总是会来

人总是需要陪伴的，身边一些人离开了，就有一些人会到来，这是内向者应该接受的。如果你总是固执地保持僵硬的姿态，不接受身边新来的陌生人，那你身边的位置注定要空很久。对此，内向者应该明白，有时候陌生后面紧跟着的是幸福，所以，不要害怕，不要恐惧，大胆迎接自己的幸福。

心理启示

当一段感情结束的时候，内向者就应该收拾好身心，迎接下一段感情的到来。如果你总是拒绝新恋情的开始，那你最终只能被剩下。内向者，需要走出过去的阴影，不惧陌生，大胆开始一段新的感情。

家庭的温暖能够治愈孤僻的孩子

孩子的性情，会由于父母不同的教养方式而呈现出不同：良好的教养方式，能够促进孩子的健康成长和发育；拙劣的教养方式，会改变孩子的性格，使活泼可爱的孩子神情抑郁，苦闷不堪。作为孩子的父母，要仔细了解孩子的心性，说些贴合孩子心理的话，就会逐渐使孩子养成好性情，有利于孩子的健康成长。

小佳的父母在他3岁时因性格不合离了婚，小佳一直跟着妈妈生活。从小就很少见到爸爸的小佳感觉到了自己与别的小朋友的不同，因此很少主动与同学来往，也不爱谈论自己的事。妈妈看到越来越沉默的小佳，也是急在心里。

小佳喜欢唱歌，在音乐课上，他优美的歌声常常能得到老师的称赞和同学们的羡慕。在学校组织的音乐比赛中，他从众多的参赛学生中脱颖而出，成为学校的小歌星。妈妈李萍看到了小佳的长处，及时对他进行鼓励，妈妈的夸奖增强了小佳的自信心，小佳渐渐开朗起来。

李萍为了培养小佳的兴趣，给小佳聘请了专业的音乐老师，在学习唱歌的同时，小佳也学到了基本的乐理知识，学会了唱歌的技巧和多种唱法，并能够自己娴熟地弹唱，形成了自己独特的演唱风格。小佳的进步让李萍看到了希望，在李萍的鼓励下，小佳踊跃报名参加了市里的比赛，在遴选出的小童星名单中，他赫然在列。

获得了荣誉的小佳再接再厉，举办了自己的专场音乐演唱会，赢得了音乐爱好者和有关专家的好评。看到小佳的进步和改变，李萍感到由衷的高兴。获得荣誉的小佳谦虚有礼，戒骄戒躁，不仅在音乐方面充分发挥了自己的才能，更养成了良好的性情，深受家长和老师、同学的喜爱。

用欣赏的口气，恰到好处地多鼓励孩子，孩子受到赞赏，得到重视，就会积极上进。如果母亲和孩子说话措辞严厉，使孩子听了不知所措，孩子的上进心就会遭受打击，以致心理蒙上阴影，对自己失去信心。事例中的李萍，在看到原本内向、孤僻的小佳有音乐方面的天赋之后，对他进行了及时的鼓励，言语中流露出欣赏，让小佳充满信心地走向一次又一次成功。

没有父母不爱自己的孩子，但是爱是有方法的，错误的溺爱反而会毁了孩子一生，面对内向、孤僻的孩子，父母应该如何做呢？

1. 说贴合孩子心理的话

了解孩子的心性，说贴合孩子心理的话，是培养孩子，塑造孩子良好性格的正确途径。

说贴合孩子心理的话，父母才能成功地与孩子进行无障碍交流，倾听孩子的心声，培养孩子的兴趣，让孩子健康地成长。

2. 对孩子多说鼓励欣赏的话语

孩子有着强烈的好胜心，总想做出一些不平凡的事情，但是因为自己的年龄或有限的能力，事情的结果往往事与愿违。有的孩子会因为自己的一时失利而对自己失望。作为孩子的父母，我们要及时鼓励孩子，不要因为孩子一时失败就对他严厉斥责。要让孩子树立信心，勇于尝试新事物。对于孩子的进步，要及时鼓励，用欣赏的口气，恰到好处地多鼓励孩子，使他拥有强大的自信心。

3. 孩子犯错了，也要温和教育

孩子犯错，究其原因，不外乎两种情况，一是因为自己没有经验，能力达不到，而使自己犯错误；二是明知故犯，已经能预料事情的结果，故意犯错，在做事时发怒气，泄私愤，对别人进行打击报复。对待犯错的孩子，父母不应该视若不见，要及时提醒孩子，不要再犯同样的错误或无意义的错误，应该让孩子在错误中获益，使孩子明白知错必改的道理。

心理启示

我们在教育内向孩子时，说话要温柔可亲，不焦急，不暴躁，说话切合孩子的心理，孩子就会养成好的秉性，表现得活泼开朗、积极向上。如果不了解孩子的心理，自己心情抑郁，闷闷不乐，不顾及孩子的心理和感受，和孩子说话不理不睬，态度冷漠，孩子的心理就会受到打击，不断的打击只会给孩子造成伴随终生的低价值感，让孩子在自卑、自贱中痛苦挣扎。

甜言蜜语，内向者不要羞于表达爱

　　心思细腻、善于独处的内向者往往认为在爱情里甜言蜜语是没什么必要的，只要行为上表现出爱意就行了，因此他们总是很少和对方说甜蜜的情话、温暖的鼓励。但这种想法不是所有人都认同的，有些时候爱需要用语言来表达，这样对方才能感受到你的态度，感受到自己是被爱的。所以温柔的内向者们，不要因为害羞或爱面子而拒绝甜言蜜语了，温暖的话语永远都是打开对方心扉最有效的方式。

　　性格文静、内向的晓丽通过相亲认识了同样踏实、稳重的张雨，几次相处下来，性格合拍的两人没多久便步入婚姻的殿堂。婚后两人配合得很默契，生活过得幸福美满。但是没过多长时间，晓丽发现，张雨回家的时间越来越少，即使回家，停留的时间也是越来越短，晓丽和他说话，他也是充耳不闻。两个人的生活逐渐变得平淡，家中再也没有了往日的欢声笑语，一切都沉寂下来，空气似乎有些紧张。

　　晓丽心有不满，但本就内向的她只能用沉默代表自己的愤怒。张雨回到家里，也是少言寡语。晓丽搞不清楚张雨的心思，自己更加闷闷不乐。闺蜜叶子察觉到了晓丽情绪的变化，耐心地听完前因后果后，建议晓丽先勇敢地往前迈一步，缓和两人关系。这天，晓丽把家里收拾得干干净净，重新布置一新，等待张雨回家。张雨下班回到家之后，感觉耳目一新，话语也多起来。通过张雨的话语，晓丽明白了张雨在工作上遇到了难题。于是，晓丽好言相劝，一番甜言蜜语，使张雨紧张的心情得到缓解。

重新感受到了晓丽的温柔体贴，张雨心里充满了无限的柔情蜜意，工作上的辛苦也变成了一种乐趣。在闲暇时，张雨带着晓丽一起外出旅游，感受大自然的美好，他们的生活又重新充满了希望和快乐。

恰到好处的甜言蜜语能够使对方感到生活的甜蜜、与你相处的美好，从而更加珍惜两人的感情。事例中的晓丽，用自己甜蜜的话语化解了张雨的劳累，使张雨重新振作起来，经过考验的两人感情也更加牢固。

那么，在生活中内向者要怎么表达爱呢？

1. 真诚地体谅对方

彼此真心相爱的两个人在一起，应该互相理解、体谅、尊重、信任、宽容、关心对方。爱情是需要彼此用心去维护的，只有发自内心地了解和体谅，你才会知道怎样安慰对方，怎样表达爱意是对方最受用的。

2. 多欣赏，少抱怨

仔细想想，我们会在什么时候批评、抱怨别人？当然是在对对方心存不满且自己被负面情绪控制之时。批评与抱怨都无法传递正能量，对事情的解决、状况的好转毫无益处，反而会在对方心中留下我们自私、刻薄的形象。而欣赏的眼光能让我们在寻常中发现不寻常，即使是对方犯了错，但谁又能保证错误不能带来机遇呢？学会以欣赏的眼光、赞美的语气来对待爱人吧，哪怕是不善言辞的内向者，也会因这两点收获更甜蜜的爱情。

> **心理启示**
>
> 　　男人不易读懂，在女人看来，男人深藏不露，需要女人花心思去猜测，去了解。好女人，会耐心地去品味男人，看到男人的坚强和脆弱；她会用自己的柔情去感化男人，用自己的蜜语去温暖男人，共同营造甜美的生活。

内向者也要对父母大胆表达爱

　　子曰："父母在，不远游，游必有方。"年少时不懂得这句话的含义，还私下嘲笑：为什么总是要留在父母身边？小小年纪，就开始幻想着云游四海。长大后，怀着这个梦想，我们迫不及待地离开了父母，殊不知，归期不可知。再读"父母在，不远游，游必有方"，方知其中真正的含义。很多人背井离乡，远至海外，为了追求他们的梦想，追求事业有成，追求前途无量。他们总在想：等自己有了钱一定好好地孝敬父母，买了大房子就一定接父母来住，忙过了这阵子一定回家看望父母……要知道，父母不会在原地等我们。也许，等自己有一天荣归故里的时候，父母却早已离你而去了，我们心中只会留下"子欲养而亲不待"的懊悔。正因为如此，我们才更要经常对父母说一些贴心的话。

在生活中，我们往往忽视了对老人的关爱。其实，与年轻人相比，老人的孤独感更为严重，在空巢老人身上尤为明显。有些老人虽有子女在身边，但是年轻人常常忙于自己的工作和生活，对老人无暇过问，这难免使得老人孤独寂寞。我们要明白，老人需要的不仅是物质上的给予，更需要精神上的安慰。所以，我们要关爱长辈，对老人多说几句贴心话，温暖老人的心，让老人享受到快乐和幸福。

艳丽和陈旭相爱成婚后，陈旭对艳丽非常好，两人经常趁着周末外出旅游，每次回到家，陈旭的父母都已经做好了饭菜等他们吃饭。艳丽吃饭时常常兴高采烈地把和陈旭在外面遇到的一些新鲜事情讲给他们听。陈旭的父母没有多少外出的机会，即使偶尔出去，也是在家附近散散步，听着艳丽讲的趣事，感觉很快乐。

然而，没过多长时间，艳丽就发现，公婆的脸上不再挂满笑容，有时对艳丽讲的事情表现得很麻木。艳丽以为公婆生病了，就仔细地询问原因。原以为艳丽和陈旭只顾自己玩耍，不会过问自己的事情，现在听到艳丽关切的话语，陈旭的父母非常高兴，心里也暖洋洋的，就把自己想参加老年健身运动的想法告诉了艳丽。

艳丽忙和陈旭商量，为公婆购买了健身服装和日常用品，看到艳丽这么尽心，陈旭的父母逢人就夸自己的儿媳好。艳丽没想到自己的举手之劳，几句体贴的话语，竟然能得到公婆发自内心的赞扬，心里也由衷地高兴。

在生活中，我们不要只顾着自己开心，也要让老人快乐，关爱老年人，对老人说些贴心的话语，老人的心里就会感受到温暖，不再孤独。事例中的艳丽，关切地询问公婆不高兴的缘由，在明白了公婆的心思后，几句贴心的话语，温暖了公婆的心。在为公婆购买了健身服装之后，公婆对她更是赞不绝口。

关爱长辈，孝敬老人，对老人说几句贴心话，不但能够温暖老人的心，而且可以使自己和长辈的关系更和谐。生活中不懂得关爱老人，只顾自己享受，和老人说话粗声大气、恶声恶语的人，不但不会得到父母的喜爱，还会受到别人的指责。

那么，在生活中内向者如何对父母表达爱呢？

1. 对父母说"我爱你"

中国人一向羞于表达情感，即便这份感情是存在的。但是，在很多时候，假如你不说，父母又怎会知道你的情意呢？父母从来不会埋怨任何一个子女。这是一种无私的爱，但是，子女千万不能因为父母的无私而让这份爱变得受之无愧，理所当然。在工作空闲的时候，不妨抽出时间给家里打个电话，回一趟老家或者父母所在的地方。趁着父母健在的时候，及时行孝，对父母说"我爱你"。

2. 用温情话语为父母驱除孤独感

关爱长辈，说几句贴心话温暖父母的心，是我们关心父母的体现。为了打造父母的幸福晚年，我们要考虑到父母的精神生活。除了让父母拥有足够的物质生活，还要想方设法调节父母的心情，使父母时常保持愉悦的心情。这就需要我们多费心思，在父母面前，多说温暖的话，了解父母的需求。而在现实生活中，我们经常会发现，一些人为了孝敬父母，为父母购买了很多健康文化用品，这对于爱好休闲娱乐的父母来说，无异于是一种幸福。但这些毕竟都是娱乐用品，不能完全满足父母的需求。如果身边没有亲情的陪伴，父母会感觉到生活中缺少些什么。所以，我们要延长和父母的相处时间，那样父母就不会感觉到孤独无助了。

3. 与父母说话，注意语气

有些人由于自己性格倔强，脾气暴躁，和父母说话时，恶声恶气，这不仅不能让父母感觉到温暖，还可能会让父母伤心。此时，我们再为自己的话语后悔，也是无济于事。因此，我们和父母说话要注意方式，言语不能过重，让父母经受得起，不要纵容自己在父母面前大发脾气或者因对父母有意见而言语粗俗，那样就会被人认为不通情理。我们要懂得礼仪，对待为儿女操劳了一辈子的父母，说话要和气可亲，让他们感受到家庭的温暖，感受到后代的关怀。

> **心理启示**
>
> 在生活中，我们对父母说话言语要柔和，在温暖父母心的同时，也能排除父母的寂寞。特别是忙于工作的我们，不要忘记对父母的关爱，让父母幸福地安度晚年而不是孤独终老。

性格内向，也要大胆表达爱

内向者坦言："我渴望可以经常依偎在他怀里，向他说些什么或者听他说些什么，但他好像没有这种情绪。"对方这样的情况，实际上是患上了"爱情沉默症"。"爱情沉默症"，即和自己爱人面对面时，忽然有了无话可说的感觉。沉默似乎成了最好的氛围，妻子不再关心丈夫的行程，丈夫也无心评论妻子的一切，就这样，爱情在沉默中一点点失去了绚丽的色彩。除了双方已不再相爱，或一方有了外遇，双方交流不能正常进行的原因大致包括：内向者将另一半的诉说一味地当成唠叨而对其避而远之；内向者没有注意到另一方的情感需要。所以，内向者需要警惕"爱情沉默症"。

这是一位女人的自述：我结婚才三年，婚姻就似走入了沉默的历程，整个家好像笼罩在迷雾里一般，明明是自己最亲近的人，但他却越来越陌生，离我越来越远。

我买了一件新衣服，兴奋地回来告诉他，他只是微笑，什么都不说，转头又去玩手机；我在厨房里忙着做饭，他却在卧室里玩手机，等我饭菜做好了，他端着碗又去看电视了，剩下我一个人在餐桌上吃饭。等到我们两个人都空闲时，想跟他说说话，我说这个他回答那个，我看他根本没听我说话，瞬间什么交流的欲望都没有了。

我和他谈恋爱时，他的话就比较少，不过也没有这样沉默。我还以为他有了外遇，但偷偷查他的通话记录以及聊天记录，也没发现什么蛛丝马迹。他到底怎么了？我本来性格挺开朗的，结果现在在家里也不得不闭口不言，我想好好跟他谈谈，可他从来不搭话，结果我一肚子火发泄不出来。

爱情沉默症会让人感到寂寞，当婚姻将所有与爱情有关的记忆、感动和伤痛都隐藏了，婚后一成不变的日子一天天翻过，有些人会感到失落和惘然。内向者更加专注自己内心世界的性格特点会使其在婚姻中越来越沉默，越来越安静。于是，许多夫妻在婚后花在娱乐、交友的时间，远远多于和自己亲密的爱人的交流时间，时间长了，就会觉得婚姻很枯燥和乏味，觉得自己被对方忽视所产生的情感孤独比另一半的背叛更伤心。

想要规避爱情沉默症也不难，试试以下5招吧！

1. 你是否患上了"爱情沉默症"

"爱情沉默症"的主要表现是：很少对另一半说非常甜蜜的话；从来不向另一半认错；双方从来不共同谈论性生活问题；很少会去想另一半需要什么；经常觉得与另一半聊天是浪费时间；不喜欢与另一半商量，而是一个人做事；总认为故意让另一半高兴是没必要的；不清楚对方的心里是怎么想的；对方做了一件很得意的事情，自己却觉得没什么可炫耀的；遇到矛盾，双方经常生闷气；有些事藏在心里，说出来又怕伤害了对方；不知道对方对自己哪方面不满意；两人在一起会觉得非常无聊。只要具备3条以上，你就有可能患了"爱情沉默症"。

2. 促进夫妻之间的和谐

和谐的夫妻生活是强化夫妻感情的黏合剂，一旦夫妻生活有了障碍，就会极大地影响双方之间的感情，还有可能引发"爱情沉默症"。

3. 保持恋爱的感觉

婚后由于现实的生活，使得婚前的浪漫逐渐减少。内向者在婚姻中应该尽量避免这样的改变，打破过去的错误观念，保持恋爱的感觉，这样才可以在烦琐、平淡的生活中找到生活的乐趣，体会婚姻的幸福。

4. 让对方感受到自己的爱

纵然时间飞逝，爱意却不能衰减。内向者要让对方感受到自己的爱，那种无私的、细致的爱，让对方心中充满了幸福感和感恩感。其实，能长久地生活在一起彼此之间一定是有爱的，如果内向者以心换心，将心比心，对方也一定会更加爱你。

5.宣泄不良情绪

夫妻在一起免不了磕磕碰碰，内向者气恼、愤怒、难过等不良情绪需要及时宣泄和引导。内向者心里不痛快时，可以找人诉说一番，一吐为快，宣泄的对象可以是自己的爱人、好友或心理咨询师，其中爱人是最佳对象。因此，任何一方都不应责备对方心胸狭窄，或嫌对方唠叨，而应主动接受对方的宣泄，并进一步劝解、疏导，排解其内心的痛苦，促使对方从内心矛盾中解脱出来。

> **心理启示**
>
> 你自身可爱的地方也正是吸引爱人的地方，相信自己的价值，尊重自己的愿望和要求，做一个完整的人，而不是谁的另一半。在婚姻中，内向者可以通过不断完善自己获得外在美和内在美的统一，这样才能保持持久的吸引力。

第07章

别做逃避现实的胆小鬼：越是胆怯，越是恐惧

内向者对陌生的人和事物总存在未知的恐惧，其实，他们并非社交障碍者，只是在广阔的社交环境中经常感到精力不足。学会调适内心的恐惧感，便会让内向者显得落落大方。

内向性格影响力

内心胆怯，才会唯唯诺诺

唯唯诺诺是形容一个人很没有主见，心中没有主意，总是一味地顺从，恭顺听话的样子。在他们嘴里好像从来不会说"不"，总是"好""是的"，面对别人的提问，他们都是只点头不摇头，似乎他凡事都听别人的。在你身边，有没有这样的人呢？其实，就日常交际来说，那些习惯于这种态度说话的人是不会受到大家欢迎的。或许，有人会觉得这样的人是很好的聊天对象，他从不反对自己的意见或想法，但是，如果你试过对着一个木偶说话，那么你就会知道跟这样的人交流是一件多么痛苦的事情。难道他们真的没有自己的主见吗？当然不是，每个人都有自己的想法，他之所以说话唯唯诺诺是源于心中的胆怯。你可以经常观察那些说话唯唯诺诺的人，其实他们就是内心胆怯的人。

在他们身上总是残留着这样的影子：说话异常小心，害怕自己的言语会遭到对方的反对；不管你的装扮是多么离谱，但如果你要他来评论，他总是会说"我觉得这身挺好的"，结果弄得你很无语；从来不说自己的意见，100%认为对方的话就是正确的。虽然，我们讨厌那种凡事都要争个高下的人，但是，说话总是唯唯诺诺的人会更加令我们讨厌。因为和这样的人交流，总是让我们感觉很累，我们根本不知道他的真实想法是什么，所以也就不知道该怎么样和他交流。大量事实证明，这样的人无论是在工作还是生活中，都将遇到很大的障碍，他们无法展现出自己的能力，换句话说，他们不敢展现自我。

老李是公司的老员工，在平时的工作中，他认真负责，与身边的同事相处得也比较和睦，对上司更是敬重有加，不过，进入公司快10年了，许多比他晚进公司的同事都得到了晋升，只有他还在原地踏步。同事戏谑地问他："对你的工作挺满意吧？"他总是乐呵呵地回答："是的。"在与同事相处中，面对不同的意见，老李总会说："是，你说得对。"回过头，他对其他同事也说："对，你说得没错。"这样没有立场的说话态度，让同事感到很扫兴。

实际上，老李并没有发现自己没有得到重用的原因就在于自己说话唯唯诺诺的习惯，不管是和上司说话，还是和办公室的同事说话，他从来都是"是是是""好好好"，从来不会说反对的意见。刚开始同事接触到他，以为他这样说话是由于陌生的关系，不想得罪人。时间长了，与同事都熟络了起来，他还是这样的说话习惯，同事就觉得很厌烦了，而且，总觉得他这个人比较"虚伪"，不愿意与之交往。上司觉得老李没有自己的想法，只会一味地顺从，这样的人对公司的发展不会有很大的帮助，于是也就一直没有重用他。

在公司，没有谁与老李能够谈得来，因为大家觉得他这种模糊的表态方式，唯唯诺诺的说话习惯让自己非常不舒服。所以，老李既没有得到领导的赏识，也没有获得同事的好感，而且还非常令人讨厌。

虽然，上司喜欢下属服从自己的命令，但是下属一味地顺从自己的命令也会让上司感到厌烦。毕竟在很多时候，上司更希望自己的下属能够积极地发挥主观能动性，为自己出谋划策。如果只是唯唯诺诺地附和上司，即使发现上司的错也不说，这样就很容易造成不必要的损失，于是，像老李这样的下属是不会得到重用的。

那么，说话总是唯唯诺诺的人，他们内心的"恐惧点"在哪里呢？下面我们来一一分解。

1. 童年时期的阴影

有的孩子从小就接受父母"军事化"的教育，如从小就被父母打骂，无论做对做错都要挨打，必须无条件服从父母的管束。在长大之后，他就自觉地认为别人的话都是对的，自己想的都是错的，别人让他去做什么就去做什么。然而，他们潜意识里却不太相信别人，说话时时刻关注对方的眼神。因此，最终养成了说话唯唯诺诺的习惯，其内心的胆怯是源于童年时期的阴影。

2. 对自己的不自信

大多数人说话总是唯唯诺诺，内心胆怯是源于对自己的不自信。他们内心其实并不愿附和,只是害怕自己做出反对的行为之后对方就会讨厌自己,所以,他想要讨好所有人,逼迫自己放弃想法,说出言不由衷的话,久而久之就养成了习惯。

3. 城府很深

有的人习惯在上司面前说话唯唯诺诺,而且,他在同事面前也伪装成"老好人",谁也不得罪,这样的人其实内心也胆怯,但其原因却在于害怕人们发现他心中不可告人的秘密,所以,他们需要戴着伪装面具生活,这样的人有很深的城府,大有人在忍耐之后做出一番大事业来,需要谨慎对待。

> **心理启示**
>
> 那些说话唯唯诺诺的人就像是"装在套子里的人",他们把自己包裹起来,让人们看不到其真实的面目,总是以一副永远顺从的样子出现在人们面前。我们都认同谦虚是一种美德,但唯唯诺诺并不是谦虚,只是呈现出的内心的胆怯,只会让对方觉得说话者太胆小,同时,也会给对方留下没个性、没主见的印象。

从第一次公开讲话开始克服你内心的恐惧

造成内向者当众不能有效说话的最大障碍是什么?胆怯,

这也是大多数讲话者面对听众时遇到的最大障碍。在现实生活中，我们无法避免的事情就是每天与各式各样的人打交道。确实，社交就是展现一个人风采的重要方面，你可能会与重要人物交谈，当众表达你的观点，甚至还会出现在酒会、晚宴、谈判等场合。这时因为胆怯，人们总是选择退却，即便是鼓起勇气去了，却因表现失态，把气氛搞得更尴尬。当再次需要当众讲话时，你又开始胆怯、心慌、全身发抖，时间长了，胆怯在一次次窘态中越来越嚣张，以至于你几乎丧失你所有的自信和勇气。

某一年在纽约举办了一场世界演讲学大会，在这个大会上有很多演讲学教授需要当众宣读自己的论文。当时，有一位教授担心自己的演讲得不到大家的认可，越想越恐惧，刚走上讲台，还没开始说话就晕倒在地了。本来在他后面发言的教授还在不断地练习演讲，一看到这种情况，心里感到一阵恐惧，额头上面出现大量汗珠，他也在台下晕过去了。

在世界演讲学大会上出现两位教授因胆怯而晕倒，这确实是一件有趣的事情。原来，胆怯是每个人都有的一种心理现象，只是程度不同而已。不仅是内向者畏惧当众说话，就连很多所谓的大人物也是如此。明白了这个道理，相信对内向者克服内心的胆怯是很有帮助的。

一位实习老师第一次走上讲台，当学生起立的时候，师生之间互相问候，这位刚刚踏出学校大门的小伙子竟不知道该说些什么，之前准备的开场白不知道跑哪里去了。心慌之余，他红着脸，用颤抖的声音说了句："老师，您好！"同学们面面相觑，继而哄堂大笑，而那位实习老师则不知所措，低着头站在讲台上。

他努力想让自己镇静下来，但越是这样，却越是忍不住心虚害怕。当他下意识地掏出手帕想擦掉额头上的汗珠时，课堂再一次沸腾了。小伙子心里纳闷儿了，经一位同学暗示，他才发现自己手里拿的不是手帕，而是一只袜子。他更恐惧了，心想可能是昨晚洗脚时无意中将袜子塞进了衣兜里。

整个教室闹腾得翻了天，他窘得无法自控，只好跑下了讲台，慌乱之中踢到了台阶，差点摔个四脚朝天，幸亏他眼疾手快地按住讲台，才没有摔倒。

这位才出学校的小伙子无法克服内心的胆怯，因此第一次登台就窘态百出。无疑，克服胆怯是当众讲话的第一道关卡。其实，有很多所谓的大人物最初当众讲话都会怯场，但最终他们都无一例外地成了当众讲话的高手。例如，古罗马著名演讲家希斯洛第一次演讲就脸色发白、四肢颤抖；美国的雄辩家查理士初次登台时两个膝盖不停地抖；印度前总理拉吉夫·甘地首次演讲不敢看听众，脸孔朝天……为什么最后会发生如此巨大的变化？唯一的理由就是他们克服了内心的胆怯。

克服胆怯是当众讲话的第一道关卡，对此我们应该想方设法克服内心的恐惧，勇敢地跨出当众讲话的第一步。

1. 心中有听众,眼里无听众

有一位老师初次登台讲课就很不错,有人问他秘诀,他说:"我在备课时心中一直想着学生,可上了讲台,我眼中所见,就只有桌椅而已,这样我就不怯场了。"当众讲话有一个秘诀叫作"视而不见",也就是在讲话前心中有听众,在讲话时眼里不能有听众,而是按照自己的意图进行语言表达,对下面的听众视而不见,这样会消除你内心的恐惧感和紧张感。

2. 抱着"无所谓"的状态

任何一个初次当众讲话的人都会有些胆怯,既然避免不了当众讲话的环节,为什么还要为此害怕呢?美国前总统罗斯福说过:"每一个新手,常常都有一种心慌病。"其实,心慌并不是胆小,而是一种过度的精神刺激。任何人都不是天生就敢在公众场合自如讲话的,都有一个艰难的"第一次"。只要你抱着"无所谓"或者"豁出去"的心态,管他三七二十一,这样整个人也就放开了。

心理启示

美国的心理学家曾做过一个有趣的问卷调查,问题是:"你最恐惧的是什么?"调查的结果令人大跌眼镜,"死亡"原本如此让人恐惧的事情却排在了第二,而"当众讲话"却高居榜首。由此可见,在公众场合讲话,感到恐惧和胆怯是一种很普遍的现象。

你为什么总是如此恐惧

恐惧，也就是惊慌害怕，惶惶不安。从心理学的角度而言，恐惧是一种有机体企图摆脱、逃避某种情景而无能为力的情绪体验。它主要表现为有机体生理组织剧烈收缩，身体能量急剧释放。通俗地说，恐惧是因受到威胁而产生，并伴随着逃避愿望的情绪反应。

早在一百多年前，著名的生物进化论学家达尔文发现，哺乳动物的恐惧表情与人类的恐惧表情几乎是一样的。在恐惧的瞬间表现为：眉梢上扬、瞳孔扩大、眼光发直、嘴巴张大，无意识地惊声尖叫或呼吸暂停、憋气、脸色苍白、表情呆若木鸡。更大的恐惧之后，人们会伴有肌肉的紧张发硬、不由自主地震颤、毛发竖立、全身起鸡皮疙瘩、毛孔张开、冷汗直流。同时，内脏器官功能亢进、肾上腺素分泌、血压升高、思维变慢或停滞，这就是我们常说的"吓傻"了。一些身体较弱的人还会出现短暂的晕厥，其心理机制是对恐惧情景的一种快速逃避反应——晕过去了，什么都不知道了，恐惧感也就不存在了。

在班上，他是一个内向的孩子，平时跟同学很少说话，总是一个人静静地坐在角落里。虽然，在听到同学们说到一些有趣的事情，他也会跟着笑，可一旦同学们将目光转移到他身上，他便会觉得紧张不安。

那是一节公开课，当老师提出问题之后，环视了教室一周，目光竟然落到了他身上。老师决定给这个性格内向的孩子一个展露自己的舞台，老师挑选了一个还算简单的问题，点名要他回答。听到自己的名字时，他先是惊讶地张开了嘴巴，没想到老师会让自己来回答问题，随后，他开始有点儿紧张了。他感觉到自己双脚发软，似乎连站起来都很困难，终于，慢慢地站起来，他抬头看着老师，想露出一个笑容，但无奈，面部肌肉竟然变得僵硬，不再受自己控制。老师微笑着，示意他不要紧张，他开始慢慢平复自己紧张的情绪。深呼吸，然后开始一个字一个字地思考老师提出的问题，在思考的过程中，他感觉自己紧张的情绪不再那么强烈了，而面部肌肉也松弛了下来。最后，在老师和同学鼓励的目光中，他大声地说出了正确答案，赢得了热烈的掌声。

在正常情绪下，一个人的面部肌肉是松弛的。他可以凭借自己的情绪自由调动脸部的各部位肌肉，如微笑时，嘴角上扬，眉头上扬；惊讶时，嘴巴微张，瞳孔放大。但一旦这样的情绪过于激烈并难以控制，如过分紧张，这时那种内心的惶惶不安就会显露在面部表情上，肌肉僵硬的情况也就出现了。

有时候，人们在恐惧之后还会出现选择性遗忘，这是对恐惧体验的一种无意识压抑，只有在催眠状态下才能唤起这之前对于恐惧的回忆。

那么，诱使人们内心产生恐惧的事物到底有哪些呢？

第07章 别做逃避现实的胆小鬼：越是胆怯，越是恐惧

1. 怕生

对陌生的恐惧并不是只有孩子才会产生的心理，即便是一个成年人，在与陌生人接触的时候，他的心里也存在一定的恐惧心理，他会担心陌生人的欺骗，甚至害怕对方给自己带来不利。

2. 恐物

有的人会对特定的物品表现出恐惧，有的人对巨大的东西表现出恐惧，有的人却对老鼠这样小的动物产生恐惧。甚至，有的人在乘坐电梯时也会心生恐惧，他们会担心电梯在运行的过程中突然下降，或自己被困在电梯里，当然，这是一种对未来发生事情的担忧。

3. 突发事件

当我们经历或目睹某些突发事件时，比如车祸，会给我们的心理带来强烈的震动。这种恐惧往往是深刻而持久的，十分强烈的刺激感受甚至可以伴随我们一生。经历突发事件后，人们在一段时间内表现得非常胆小，睡眠中可能会突然惊醒，醒后依然紧张、恐惧。

4. 对鬼神的恐惧

当我们在听别人讲一些神鬼妖怪的故事时，会让我们产生恐惧。如果对方在讲鬼怪故事时加上表情动作的渲染，那我们会更加害怕。还有在恐怖电影中出现的恐怖镜头，如女巫、鬼怪、凶残画面和打打杀杀的镜头，这些都会使我们产生恐惧心理。

> **心理启示**
>
> 当然，人们的大多数恐惧情绪是后天获得的，恐惧反应的特点是对发生的威胁表现出高度的警觉。如果威胁一直存在，那人们目光凝视含有危险的事物，随着危险的不断增加，可能发展为不容易控制的惊慌状态，当恐惧感极其强烈时，还会出现激动不安、哭、笑、思维和行为失去控制，甚至出现休克的情况。在恐惧时，通常的生理反应是心跳猛烈、口渴、出汗和神经质发抖等。

先放松身体，心情才能放松下来

通常人们在紧张时会出现这样一些身体反应：面部僵硬、两腿哆嗦、全身发冷、手心出汗等。当然，具体到每一个人身上，反应也是有所不同的。对于这样的现象，我们能够想到的就是紧张感带来的身体反应，但事实上谁也没去追究深层次的原因，尽管神经紧张会反映到身体上，促使身体做出一些反应，不过容易被人们忽视的是，身体的紧绷往往会加强你内心的紧张感。这就是为什么有的人在登台讲话时，可能开始只是不知道把手放在哪里，但后来脑子却是一片空白，完全忘记了自己需要讲些什么。因此，在当众讲话的时候，需要放松你的身体，因为肌肉紧张会导致神经更紧张，从而给你带来某些心理障碍。

如果你还为此质疑肌肉的放松是否会真的缓解精神的紧张度，那你可以看看那些所谓的"心理放松操"，最典型的例子就是瑜伽。当你开始做瑜伽时，相信你听过最多的一句话就是"放松全身，肌肉放松"。慢慢地，当你真的放松下来之后，你会发现心中真的是如水般宁静。所以，如果你当众讲话很紧张，不妨先放松全身，肌肉的放松会大幅度减轻你内心的紧张感。

一位曾长期受紧张感困扰的女学生讲述了自己的经历：

我从小就是一个胆子很小的人，每次到了公开场合需要讲话或者亮相时，我就全身发抖，上下牙齿都直打颤，连话也说不明白。有时我会忍不住掐自己的大腿，希望自己能镇定点，却没有效果，而且会越来越紧张。我一直觉得这是一种病，为此很自卑，当然我也尽量地避免公开讲话。但在私底下，我与身边的人关系都很要好，什么话都说。

有一次，班里举行诗朗诵会，由于我文笔不错，经常在杂志上发表一些诗歌，于是同学们都推荐我参加，我极力推辞，可班主任也执意要我参加。我只好暂时答应下来，可怎么应付过去呢？那段时间我整个人都紧张了起来，经常做梦梦到自己在台上出尽了洋相，以及同学们诧异的目光。

我忐忑不安地来到心理咨询室，向心理医生描述了我的情况。那位心理医生却只是微笑着说："你首先要做到自己身体上放松，这样会减轻你内心的紧张感。比如，深呼吸，想象你身处漫无边际的大草原，这样你的身心都将得到放松。"在心理医生的耐心指导下，我学会了"心理放松操"，每当紧张时就会自然而然地想起来，试着做两遍，身体放松下来，心里也不再紧张了。当然，那次的朗诵很成功，由于是我自己写的诗歌，我读得既流畅又饱含深情，还因此获得了一等奖。

内心的紧张感通过身体上的放松而得到了缓解，这其实就是身体与心理有密切关系的证据。当我们内心情绪波动的时候，会逐一反映在身体行为上，反之，如果我们身体行为得到了收敛、放松，那心理障碍自然就被清除了。显而易见，这两者的作用是相互的。

那么，我们应该如何通过身体放松来化解内心的紧张度呢？

1. 呼吸调节

呼吸的过程其实是胸腹部发生的各种变化，通过深呼吸能够抚平内心的紧张。当一个人吸气时，胸腹部会微微鼓起；当一个人呼气时，胸腹部会微微收缩。你所需要做的就是调节呼吸，让呼吸变得平静，就好像睡觉一样。

2. 释放重量

稍微深一些吐气，让自己身体的重量全部释放在椅子上、墙壁上或者地板上。通过这样的方式会减轻你身体的重量，让你产生一种由于释放重量而导致的轻松感，这自然会减轻你内心的紧张感。

> **心理启示**
>
> 当一个人的身体放松时,他的注意力就会集中在压力以外的事情上,从而排除现场压力带来的紧张感。放松身体可以给我们带来很多益处:呼吸变缓,血压降低,头痛消失,情绪稳定,思维清晰,记忆力提高,紧张、忧虑感消失。

内向者普遍患有社交恐惧症

内向者讨厌面对人群或害怕面对人群,他们觉得恐惧、不好意思,对自己以外的世界有着强烈的不安感和排斥感。他们常常逃离人群,除了几个亲近的人外,他们不愿意与外面的世界沟通。他们大多都有人际交往障碍,心里有很多苦恼:"我性格内向,不愿和别人交往,我挺烦的,怎样才能做一个善于交际的人呢?""我是一个女孩,我想说的是,我无论和男的还是女的说话时,都不敢看对方的眼睛,手一会儿挠头一会儿揣兜,不知道该怎么办?""我太在乎别人对我的看法,和别人沟通时,总会担心别人怎么看我,尤其是面对比较重要的人,我还有点自卑""我觉得我自己心理有问题,很多时候很想跟别人聊天,但又不知道有什么好聊的,很多时候我很害羞，说话也不敢大声，我感觉自己胆小又内向"。

从这些心声中，我们可以看到他们中的大多数只是性格内向不善于交际，或是不懂得社交的艺术，而导致社交过程中出现各种不适，并非他们不愿意与人交往。

艳艳今年17岁，是一所普通高中二年级的学生，爸爸和妈妈都是大专毕业，在机关工作，家族没有精神疾病史。因为家里就她一个孩子，全家人对她都很疼爱，但是，爷爷对她要求非常严格，希望她将来可以做出一番大事业。艳艳从小就很腼腆，不喜欢说话，家里来了陌生客人，她也是经常避而不见。在整个读书期间，她都没什么朋友，平时不上课就待在家里。

现在艳艳读高中，开始寄宿，感觉到很多事情不顺利，她很苦恼，常常跟妈妈抱怨，一副不知所措的样子。前不久，在学校里一个男生无意中用余光瞄了一下艳艳，她就觉得对方在警告自己。从此，她更害怕与人打交道了，尤其是遇到异性，就会更紧张，注意力无法集中，学习没有效果。严重的时候，发展到与同性、老师都不敢目光接触。她常常对妈妈说："妈妈，我好痛苦，好苦恼，可又不知道该怎么办？"

在青春期，性格内向的女孩子们很容易患上社交恐惧症。青春期的时候，一个人的生理和心理都会发生急剧的变化，如果在这一阶段遇到心理问题，并没有得到很好的解决，就很可能影响她们将来的升学、求职、就业、婚姻等一系列人生大事。

那么，内向者怎样才能克服社交恐惧症呢？

1. 尽可能与他人交往

内向者总是一个人宅在家里，时间长了都会"发霉"。所以，如果要突破自己的交际恐惧，就需要走出家门，尽量与他人交往。在与他人的交往中，要遵守共同的规则，学会交往，学会尊重别人的权利。并且，从其中还可以学到如何与人合作，如何交朋友。

2. 参加活动可以帮助你拓展圈子

在家里，有可能你所接触到的就只有自己的家人。即便是一起工作的同事，也只是打过照面，没有真正接触过，更别说成为朋友了。而公司举办的一些有意义的集体活动恰好为你提供了这个机会，在活动中，你可以认识更多的朋友，相应地，也拓展了你的交际圈子。

3. 参加活动可以有效锻炼你的交际能力

有的人比较羞涩，性格内向，他们的交际能力较差，像这样的人更应该参加一些有意义的集体活动。在活动中，气氛比较热烈，能够激起大家聊天的欲望，这样能够有效地锻炼你的交际能力，提升你的口才水平。

4. 没什么可怕的

内向者应该明白交际场合没什么可怕的，应该将一切可能发生的最糟糕的情况列举出来，即便出现了最糟糕的场景，最后发现其实也没什么大不了的。所以，让自己冷静下来，做好自己，没什么可怕的。

5. 做一个主动者

奥巴马总是面带微笑自信地走向大家，然后花一段时间向在座的人介绍自己，他一切的行为都令他看起来非常自信，令人印象深刻。如果一个人总是低着头走路，等着别人来和自己打招呼，结果就最容易被身边的人忽视。

> **心理启示**
>
> 内向者无法主动走出自我的世界，也不愿意加入人群。他们只要在人多的地方就会觉得很不舒服，总害怕别人注意自己、担心自己被批评。实际上，他们的这种心理都源于内心的恐惧，一旦内心的恐惧消失，就会慢慢变得自信起来。

开口微笑，缓解你内心的紧张

有人说戴安娜是微笑的专家，她用微笑征服了全世界。这么多年过去，这个既不是政治家，又不是企业家，当然也不是艺术家的女人却被那么多人缅怀着。如果你仔细地观察戴安娜的照片，你会发现她的每一张照片都是在微笑：牙齿露出，嘴角成一道弧线。她的眼睛里充满了笑意，充满了善意，如果说微笑是全世界共同的语言，在戴安娜这里得到了进一步的印

第07章　别做逃避现实的胆小鬼：越是胆怯，越是恐惧

证。不需要任何人的翻译，不需要开口，所有人都懂得她在说什么。现在，我们应该清楚为什么她会受到全世界男女老少的喜爱了，为什么有那么多不认识她的人给她献花。

美国钢铁大王卡耐基说："微笑是一种神奇的电波，它会使别人在不知不觉中认可你。"

某次盛大的宴会中，一位平日对卡耐基很有意见的商人在角落里大肆抨击卡耐基。当卡耐基站在人群中听到他高谈阔论的时候，他还不知道，这使得宴会主人非常尴尬，而卡耐基却安详地站在那里，脸上带着微笑。等到抨击他的人发现他的时候，那人感到非常难堪。卡耐基的脸上依然挂着笑容，他走上去亲热地跟那位商人握手。好像完全没有听见他讲自己的坏话一样。

后来，那位商人成了卡耐基的好朋友。

卡耐基充满善意的微笑缓解了很多人的尴尬，更收获了一份难得友谊。其实，微笑还有消除紧张感的神奇功能。

安安是一位爱笑的女孩子，难堪时微笑，紧张时也微笑，高兴时微笑，难过时也微笑。但就是这样一位喜欢微笑的女孩子，却天生胆子小，说话时声音像蚊子一样小，不了解她的人还以为是害羞，其实她就是这样。

大学毕业的论文答辩会上，安安不幸被抽中了，这将意味着她需要在几百人的大厅里当众讲话。安安还是第一次遇到这样的情况，这该如何是好呢？安安害怕得快要哭了，论文指导老师知道了这事，安慰安安说："你知道你给人最深的印象是

什么吗？"安安不解地摇摇头，老师说："你最大的特点就是微笑，而这正是缓解你紧张感的秘诀，当你觉得很紧张、很害怕的时候，不妨微笑，不仅对着听众微笑，还需要对着自己微笑，告诉自己'放松点'，这样你就真的会放松下来。"安安若有所悟地点点头。

在论文答辩会上，每当不知道该怎么说的时候，每当紧张的时候，安安始终保持脸上的微笑，当她微笑的时候，台下的老师和同学就会善意地看着她，不哄笑，也不唏嘘，只是等待她继续说下去。最后，安安成功地完成了答辩。

因为微笑，安安不再紧张；因为微笑，她征服了所有的听众。雨果说："微笑是阳光，它能消除人们脸上的冬色。"对当众讲话者来说，微笑不仅能够缓解内心的紧张感，而且还会化解观众内心对你的不解和抵触。微笑对观众的征服是自然而然的，它能兵不血刃地征服对手，更不用说征服你的听众了。

在生活中，如何让自己时刻保持微笑呢？

1. 对着镜子练习微笑

对着镜子练习微笑，你的眼睛可以看到标准的微笑形象，并在脑海中形成一个视觉的记忆，后面再微笑时，你的脑海中就会浮现出微笑的形象，从而帮助你加强记忆。

2. 每天多次练习微笑

有人说每天需要练习一百遍微笑，因为微笑是一种肌肉记忆训练，那些不喜欢笑的人，并非他内心不会笑，而是他的脸部肌肉长期不动，已经僵硬了。如果你每天练习比较少，那就难以形成肌肉记忆。所以，天天对着镜子练习，时间长了，脸上的笑肌发达了，就形成微笑肌肉的记忆了。

心理启示

其实，微笑不仅是一个人最好的名片，而且也在某种程度上减少了我们内心的紧张感。尤其是在当众讲话的时候，如果你实在不知道说什么好，那即便是一个微笑，也能够很好地让人们感受到你内心的阳光与温暖。

第08章
自我激励：内向者要相信和勇敢证明自己

内向者总觉得自己各方面都不如外向者，平日里习惯自怨自艾，好像自己没有什么擅长的，也根本不知道应该做什么。实际上，不论是内向者还是外向者，每个人的心里都有巨大的潜能等待着被挖掘。不逼自己一把，又怎么知道自己有多么优秀呢？

相信自己，没什么不可能

大屏幕上一次次的颁奖，令人心动不已，谁都想走一次红地毯，谁都想触碰奖杯的荣誉，人生若是得此殊荣，自然是一种幸运，一种辉煌。但是，如此巨大的荣誉和成功却不是每个人都能得到的。生活中的内向者自我感觉如此平凡，但是，请不要忘记为自己加油喝彩。美国的一位心理学家曾说："不会赞美自己的成功，人就激发不起向上的愿望。"随时为自己加油往往能带给自己欢乐和信心。当你的信心增强了，又会激励你获得更大的成就，与此同时，你的自信心将会进一步增强。

但在现实生活中，许多性格内向的人对自己缺乏信心，他们总是期望得到别人的掌声。对于这样的情况，一位成功人士说："别在乎别人对你的评价，否则，反而会成为你的包袱，我从不害怕自己得不到别人的喝彩，因为我会记得随时为自己鼓掌。"在人生的路途中，我们要保持思路清晰，随时为自己的壮志加油喝彩！

生活中有许多困难与挫折，面对这些困境，内向者总是不由自主地说"我不能……"在这样一种心理的影响下，他们不敢正视现实中的挑战，对自己缺乏信心，最后导致自己的潜力并没有得到充分的发挥。其实，许多人之所以不能成功在于缺乏自信，总是被"我不能"的心理所左右。因此，不妨试着把"我不能"的心理放下，相信自己，为自己加油鼓劲，用积极乐观的心态来面对一切，那些困难与挫折根本不算什么。

罗马纳·巴纽埃洛斯是美国第34任财政部部长。但在当初，她只是一位贫穷的墨西哥姑娘，16岁就结婚了，后来离开了丈夫，独自抚养两个儿子。但是，她决心谋求一种令她自己及两个儿子感到体面和自豪的生活。于是，在梦想的支撑下，口袋里只有7美元的她，带着两个儿子乘公共汽车来到洛杉矶寻求更好的发展。

最初她做洗碗的工作，后来找到什么活就做什么，拼命地攒钱直到存了400美元后，便和她的姨妈共同经营玉米饼店，结果非常成功，并开了几家分店。不久，她经营的小玉米饼店铺成为全国最大的墨西哥食品批发地，拥有300多名员工。

在经济上有了保障之后，巴纽埃洛斯便将精力转移到提高她美籍墨西哥同胞的地位上。她和许多朋友在东洛杉矶创建了"泛美国民银行"。这家银行主要是为美籍墨西哥人所居住的社区服务。如今，银行资产已增长到2200多万美元，但她的成功确实来之不易。

当初，有人告诫她说："美籍墨西哥人不能创办自己的银行，你们没有资格创办一家银行，同时永远不会成功。"就连墨西哥人也说："我们已经努力了十几年，总是失败，你知道吗？墨西哥人不是银行家呀！"但是，她并没有被"我不能"的心理囚禁，而是始终不放弃自己的梦想，努力不懈。

如今，这家银行取得伟大成就的故事在东洛杉矶已经传为佳话，巴纽埃洛斯也成为美国第34任财政部部长。

永远不要让"不可能"禁锢自己的手脚，对自己要充满信心，随时为自己加油，勇敢地向前迈一步，坚持到底，那么，"不可能"就变成了"一切皆有可能"。不可否认，为自己加油是找回自信的最佳途径。不断地为自己加油，告诉自己"我一定能行"，通过肯定自己来不断地增强奋力向前的信心，从而获得成功。

无论是生活中还是工作中，我们都难免会遭遇到坎坷、曲折、磨难，这时，我们会感到痛苦、迷茫，但是，这些都不是最可怕的，可怕的是自己先否定了自己，自己摧毁自己。

> **心理启示**
>
> 在关键时刻，内向者更需要相信自己，为自己加油，要坚信命运的钥匙永远掌握在自己的手中。摔了跟头，应该立即爬起来，掸掸身上的尘土为自己鼓劲，为自己喊一声"加油"；当我们取得一次小成就的时候，应该对自己说"我真棒"；当困难来临的时候，记得给自己打气，对自己说"我一定能行"。那些能为自己加油、喝彩的人，他们一定是生活中的强者。

不惧失败，勇敢创业

成功常常与冒险为伍，内向者，你是否有过冒险的经历呢？许多人在大学毕业后靠着家里的关系进了国企、民营企业，拿着一份不菲的薪水，每天过着朝九晚五的安逸生活。尽管生命还有很长的一段路，但他们却早早地过着衣食无忧的生活。或许，这是上天的眷顾，然而，这也是上天的考验。太年轻就选择停滞不前，人生最终也不过如此。人就应该富有冒险家般的精神，大胆创业，即使失败了也可以重来。

新希望集团总裁刘永好，曾是四川省机械厅干部学校讲师。在他还没有创业时，他是一个生活不是很富裕的人，后来，他与几位兄弟相继辞去公职，卖掉自己的自行车、手表等一切值钱的东西，凑足1000元人民币，到川西农村创业，办起良种场。

万事开头难，刘氏兄弟的第一笔生意差点就让他们刚成立的良种场夭折。当时，资阳县一个养鸡专业户向他们预订了10万只鸡苗。由于种种原因，对方后来只要了2万只鸡苗，剩下的8万只鸡苗怎么办？打听到成都有市场后，他们连夜动手编竹筐，此后四兄弟每天凌晨4点就开始动身，先蹬3小时自行车，赶到20千米外的集市，再用土喇叭扯起嗓子叫卖。等几千只鸡苗卖完，拖着疲惫的身子蹬车回家时，早已是月朗星疏了。就这样，十几天下来，四兄弟个个掉了十几斤肉，但所幸的是8万只鸡苗总算全脱手了,并且还收获了30万元现金,为刘氏兄弟积累了"第一桶金"。

回顾这段经历,刘永好说,"为了创业我投下了一切赌注,如果干不下去,我的公职、财产将一无所有,所以再苦再难,也要往前走"。无论再艰辛,压力再大的事儿,只要沉下心来去做了,这一关就总能挺过来。

内向者,必须给自己一片没有退路的悬崖,大胆创业。从某种意义上来说,正是给自己一个向生命高地发起冲锋的机会。当一个人面临后无退路的境地,人才会集中精力奋勇向前,从生活中争得属于自己的位置。出路还没打探明白的时候,就先开始筹划退路,这势必会影响他们开拓新生活的冲劲儿,进三步退两步,很难有根本性改变。

创业是一切成就的起点。只有确立了前进的梦想,内向者才会最大可能地发挥自己的潜力。不仅是梦想,更需要行动起来,只有在实现梦想的过程中,我们才能够检验出自己的创造性,调动沉睡在心中的那些优异、独特的品质,才能锻炼自己、造就自己。爱因斯坦曾说:"想别人不敢想,你已经成功了一半;做别人不敢做的,你就会成功另一半。"

成功是没有秘诀的,敢想敢做,给自己定一个创业目标,然后努力,全身心努力,终会有所收获。敢想可以使一个人的能力发挥到极致,更可以逼得一个人献出一切,排除人生道路上的所有障碍去争取成功。千万不要抱怨自己运气不够好,因为唯有行动才能够改变自己的命运。行动就是力量,十个空洞的幻想不如一个实际的行动。

> **心理启示**
>
> 创业,最重要的就是勇敢尝试,敢于不计后果,不要有过多顾虑,敢于想到什么就马上去实践,哪怕有时需要承担一些风险,也要勇敢地去尝试。毕竟去尝试创业就有可能取得成功,而不敢去尝试,那就永远也不会成功。

内向者总是畏首畏尾,如何做成大事

勇气是任何事业成功的基础,内向者缺乏勇气,甚至恐惧缠身,自然会一事无成。有些事固然是看起来容易,做起来难,但现实中也有许多事情,是看似很难,实际上做起来并不像想象的那样困难。有时正是自己的畏惧,加剧了自己的怯懦,不敢努力去实践,甚至放弃目标。当然,对困难予以充分的估计是必要的,但不能因此失去勇气。

我们应充分看到自己的能力,鼓起勇气,树立自信,同时辅之以积极的自我暗示,自我激励。例如,"这点区区小事不值得害怕""别人能做到我也能做到",从而为自己打气、壮胆。在困难与阻力面前要有一股敢斗的勇气和气势,从而战胜自己的畏惧怯懦，迎着困难与压力迈出关键的第一步，并义无反顾地大胆往前走，这样成功与希望就会向你招手。

瑟曼是一名普通的学生，她从小就怕水，因此十分畏惧游泳课。每次，瑟曼看着在水中游泳的朋友们，心里就会涌上一种不舒服的感觉。面对朋友的邀请，瑟曼只能说："我怕水，所以不想下水。"朋友们笑着怂恿："不要因为怕水，你就永远不去游泳……"看着朋友们像海豚一样在水中自由地嬉戏，瑟曼满是羡慕，但是，她觉得自己还是不够勇敢。

一个月后，朋友邀请瑟曼去温泉度假中心，瑟曼终于鼓起勇气下水了，但是，她还是不敢游到水深的地方。朋友鼓励她："试试看，让水没过自己的头顶，看会不会沉下去。"瑟曼大吃一惊："你说什么？"内心畏惧的瑟曼摇了摇头，朋友亲自做了一次示范，在朋友的坚持下，瑟曼小试了一下，她发现朋友说得没错，这真是一种奇妙的体验。朋友笑着说："看，你根本淹不死，为什么要害怕呢？"

尼采说："当我们勇敢的时候，我们一点儿也不认为自己是勇敢的。"有时候，内心畏惧是源于我们总是不断逃避问题，那些怯弱而畏惧的人通常都是这样。其实，当我们试着改变自己的内心，让自己的内心变得强大起来的时候，我们会惊讶地发现，克服挫折不过如此，它容易得就像是跨过一道门槛。但是，如果总是任由内心畏惧而不去改变，那么，我们将失去许多成功的机会，因为幸运总是降临在那些有着强大内心、坚忍精神的人身上。

　　内心畏惧的人常常表现为害怕困难，意志薄弱，惧怕挫折，内心异常脆弱。遇到挫折，他们总是习惯性地退缩或者消极抵抗，不愿意冒险，惊慌失措而不知如何是好。其实，内心越是畏惧，挫折就会变得越来越强大；而内心越是强大，挫折就越会变得不堪一击。我们要想成功地战胜挫折，首先应该战胜自己内心的畏惧，让自己变得强大起来，挫折与困难才会迎刃而解。

　　日本三洋电机的创始人井植岁男，成功地把企业越办越好。有一天，他家的园艺师傅对井植岁男说："社长先生，我看您的事业越做越大，而我却像树上的蝉，一生都坐在树干上，太没出息了。您教我一点创业的秘诀吧。"井植岁男点点头说："行！我看你比较适合园艺工作。这样吧。在我工厂旁有6.6万平方米的空地，我们来合作种树苗吧！树苗1棵多少钱能买到呢？""40元。"

　　井植岁男又说："好！以3.3平方米种两棵计算，扣除走道，大约种2万棵树苗，树苗的总成本不到100万元。3年后，1棵树可卖多少钱呢？""大约3000元。""100万元的树苗成本与肥料费由我支付，以后3年，你负责除草和施肥工作。3年后，我们就可以有6000万元的利润！到时候我们每人一半。如果树没有种好，我承担亏损，你没有工资。"听到这里，园艺师傅却拒绝说："我可不敢做那么大的生意！还是拿我的工资好。"最后,他还是在井植岁男家中栽种树苗,按月领取工资,白白失去了致富良机。

很多时候并不是你的能力不行,也不是你没有机会成就大事业,而是你信心不足,勇气不够,骨子里有着天然的惰性,一遇上困难就妥协了、退缩了、放弃了。成功者不是这样,他们敢于与命运抗争,劲头十足,不断前进,直到取得自己满意的结果。

人生的种种历练,对于我们来说,可能是一种折磨,但是,它更是一种锤炼,暂时的痛苦算不了什么,只要心中有勇气,一次次经受住磨炼,不畏困难,最后,我们定能炼成一块坚韧的好钢。在日常工作中,我们也会遇到种种困难,有成功就有失败,有喜悦就有泪水,但是,哪怕是失败和眼泪,它所能带给我们的依旧是不断地尝试,而不是最终的结果。失败算不了什么,关键是你不能失去坚持下去的勇气,以及那份深藏内心的坚忍。

心理启示

心怀勇气,有信心攻克难关,最后,你就会赢得成功。谁也不想拥有碌碌无为的一生,人人梦想一生成功、富贵,可是只有少数人与成功、财富结缘。内向者常抱怨自己没有遇到好机会、生不逢时,然而机会一旦降临,你是否有足够的勇气和胆识去把握呢?

越是平凡，越要努力

许多内向者觉得自己很平凡，能力很普通，先天条件的欠缺导致他们对自己丧失信心，在他们看来，无论自己如何努力，最终都只会成为一个平庸的人。既然抱着这样的想法，他们就已经不想努力了，浑浑噩噩地生活着，甚至有的人选择了自甘堕落的生活。然而，内向者浑然忘记了成功的路上从来都不是一帆风顺的。许多人也曾迷茫过，也曾不知道未来究竟在哪里。但是，他们却以自己成功的经验告诉我们：相信梦想，梦想自然会回馈于你，努力比任何东西都来得真实，用坚忍换机遇，用时间换天分，哪怕走得很慢，但终会抵达。

有一个孩子想不明白自己的同桌为什么每次都能考第一，而自己每次却只能排在他的后面。

回家后他问妈妈："妈妈，我是不是比别人笨？我觉得我和他一样听老师的话，一样认真做作业，可是，我为什么总是比他落后？"妈妈听了儿子的话，感觉到儿子开始有自尊心了，而这种自尊心正在被学校的排名伤害着。她望着儿子，没有回答，因为她不知道该怎么样回答。又一次考试后，孩子考了第20名，而他的同桌还是第一名。回家后，儿子又问了同样的问题。她真想说，人的智力确实有高低之分，考第一的人，脑子就是比一般人的灵。然而这样的回答，难道是孩子真想知道的答案吗？她庆幸自己没说出口。

应该怎样回答儿子的问题呢？有几次，她真想重复那几句被上万个父母重复了上万次的话——你太贪玩了，你在学习上还不够勤奋，和别人比起来还不够努力……以此来搪塞儿子。然而，像她儿子这样脑袋不够聪明、在班上成绩不是很突出的孩子，平时活得还不够辛苦吗？所以她没有那么做，她想为儿子的问题找到一个完美的答案。

儿子小学毕业了，虽然他比过去更加刻苦，但依然没赶上他的同桌，不过与过去相比，他的成绩一直在提高。为了对儿子的进步表示赞赏，她带他去看了一次大海。就是在这次旅行中，这位妈妈回答了儿子的问题。

妈妈和儿子坐在沙滩上，妈妈指着海面对儿子说："你看那些在海边争食的鸟儿，当海浪打来的时候，小灰雀总能迅速地飞起，它们拍打两三下翅膀就升入了天空；而海鸥总显得非常笨拙，它们从沙滩飞向天空总要花很长时间，然而，真正能飞越大海、横过大洋的还是它们。"

"海鸥总显得非常笨拙，它们从沙滩飞向天空总要花很长时间，然而，真正能飞越大海、横过大洋的还是它们。"平凡又怎样，不起眼又怎样，只要你努力，一样可以飞过大洋。当我们在讨论这个问题的时候，年轻人应该反思的是自己是否努力过，如果你连努力都没有，又何必抱怨这个社会太现实呢？

我们都听过龟兔赛跑的故事，兔子机灵，跑得快，它以为自己胜券在握，所以安心地睡起了大觉。谁知道看起来慢吞吞的乌龟，却以自己百倍的努力以及坚持不懈的精神最先到达到了终点。谁能笑到最后，还真是不一定。

大学毕业后，威廉的求职战役正式打响了。他向大部分知名企业投递了他的简历。那真是一段苦不堪言的岁月，他天天跑招聘会，而自己的努力却看不到任何回应，那些投递出去的简历如石沉大海般杳无音讯。好不容易有一家公司通知他面试，但在面试的过程中依然是曲折坎坷。

威廉在笔试上失意过，在群面时因插不上话而被刷掉，和很多求职的年轻人一样，他也曾经历过低谷期，但是他始终努力着。见了太多糟糕的事情，他反而觉得一切都会慢慢好起来；情绪太过糟糕，他反而知道应该如何来梳理情绪；了解自己的缺点之后，他反而知道什么工作才是最适合自己的。在每一次求职失败后，威廉都会反思自己的缺陷和不足，总结失败的经验教训，从来没有放弃过努力。

威廉说："天赋决定了一个人的上限，努力则决定了一个人的下限。"很多年轻人根本没有努力到可以拼搏天赋，就已经放弃了。威廉深知自己没有一步登天的天赋，所以只能用努力去弥补。

当然，最后威廉如愿找到了一份好工作，这与他平时的努力是分不开的。

成功就是运气恰巧撞到了正在努力的你，努力永远不会有错，即便现在无法感受到努力的回报，但未来的一天终会用到。选择自己喜欢的事情，然后努力到坚持不下去为止，相信梦想，更要相信努力，因为遗憾比失败更可怕。当内向者在追逐梦想的时候，这个世界总会制造许多挫折与困难来阻挡你，残酷的现实会捆住你的手脚，但其实这些都不重要，重要的是你是否有努力到底的决心。

> **心理启示**
>
> 平庸并不可怕，可怕的是永远平庸。既然上帝没有给予我们天赋，那我们就要用后天的努力来弥补。越努力越幸运，如果你觉得自己平凡，那就用努力来换天分。当然，在这个过程中，我们要始终相信努力奋斗的意义，让未来的你，感谢现在拼命努力的自己。坚持不懈可以让你在失去动力的时候帮助你继续行动，这样可以让结果渐渐好转。仅需保持努力，你最终定会得到回报，这个回报可以为你带来强大的动力。

逼自己一把，才知道自己有多优秀

在生活中，许多内向者不敢追求成功，原因并不是追求不到成功，而是他们在还没有开始追逐之前就在心里默认了一个"高度"，这个高度常常暗示自己：成功是不可能的，这是没办法做到的。"心理高度"成为他们无法取得成功的根本原因之一。自我设限是一件很悲哀的事情，跳蚤并非失去了跳跃的能力，而是它们在受挫之后变得麻木了、习惯了。所以，我们要将成功的信念注入血液之中，不断地告诉自己"我能行""我努力就一定能成功""我是最优秀的"，不断增强自信心，勇于向成功奋进。内向者，如果你不逼自己一把，那你根本无法想象你有多么出色。

1900年，著名教授普朗克和儿子在花园里散步，他看起来神情沮丧，很遗憾地对儿子说："孩子，十分遗憾，今天有个发现，它和牛顿的发现同样重要。"原来，他提出了量子力学假设以及普朗克公式，但是，他沮丧这一发现破坏了他一直很崇拜并虔诚地信奉为权威的牛顿的完美理论，他最终宣布取消自己的假设。不久之后，25岁的爱因斯坦大胆假设，他赞赏普朗克的假设并向纵深处引申，提出了光量子理论，奠定了量子力学的基础。随后，爱因斯坦又突破了牛顿的绝对时间和空间的理论，创立了震惊世界的相对论，并一举成名。

对自己的怀疑，常常会让我们失去成功的机会，或是让我们放慢了前进的脚步。普朗克对自己的怀疑，使整个物理学理论停滞了几十年。所以，任何时候，切莫怀疑自己，而是努力、勇敢地证明自己，这样我们才有可能站在成功的顶峰之上。

1796年的一天，在德国哥廷根大学，19岁的高斯吃完晚饭，就开始做导师单独布置给他的每天例行的两道数学题。

像往常一样，前面两道题在2小时内顺利地完成了。但高斯发现今天导师给他多布置了一道题。第三道题写在一张小纸条上，是要求只用圆规和一把没有刻度的直尺，画出一个正17边形。高斯感到非常吃力，时间很快就过去了，但是，这道题还是没有一点进展，高斯绞尽脑汁，但是，他很快发现自己学过的所有数学知识似乎都不能解答这道题。不过，这反而激起了高斯的斗志：我一定要把它做出来！他拿起了圆规和直尺，一边思考一边在纸上画着，尝试着用一些超常规的思路去找出答案。

天快亮了，高斯长舒了一口气，他终于解出了这道难题。见到导师时，高斯有点内疚："您给我布置的第三道题，我竟然做了整整一个通宵，我辜负了您对我的栽培……"导师接过学生的作业一看，当即惊呆了，他用颤抖的声音对高斯说："这是你自己做出来的吗？"高斯有点疑惑："是我做的，但我很笨，竟然花了整整一个通宵才做出来。"导师激动地说："你知不知道，你解开了一道有两千多年历史的数学难题，阿基米德没有解出来，牛顿也没有解出来，你竟然一个晚上就做出来了，你真是天才啊！"原来，导师误把这道难题交给了高斯。后来，每当高斯回忆起这一件事时，总是说："如果有人告诉我，这是一道有着两千多年历史的数学难题，我可能永远也没有信心将它解出来。"

我们应该永远记住一句话：你比自己想象中更优秀。因为我们每个人所拥有的潜能都是无穷的，我们所展现出来的只是九牛一毛，还有更多的潜能等待我们去挖掘。相信自己，多给自己一份肯定，自己永远比想象中优秀，这样，你才会成功地挖掘出自己的潜在价值，从而使自己变得更优秀。

> **心理启示**
>
> 许多内向者不明白自己的价值所在，他们也不知道自己到底具有多大的潜能，所以，谁也不知道自己到底会有多么伟大。事实上，一个人的价值有时候是显性的，但在很多时候都是隐性的，而在每个人的身体里，都蕴藏着巨大的能量，这就是我们的价值所在。只要我们勇于去寻找真实的自我，激发出自己无穷的能量，就能够彰显自身的价值，这会让我们人生的每一刻都过得精彩。

与自己比较，不断超越自我

大多数的内向者都是一个思考者，每一个年轻的内向者都会锻炼自己的大脑，拓展自己的眼光和思维。这是一个脑力制胜的年代，谁的想法更高明、更有效，谁就更容易提升自己的价值，获得财富的垂青。人们不应该拜金，但对财富的追求，对财富的渴望，却不可消失。这不仅是改善生活的需求，更是激发大脑潜能，调动大脑思维的最原始的动力。很多时候，一个金点子，花费不多，却拥有点石成金的力量。只有看到别人看不到的东西的人，才能做到别人做不到的事。灵活的头脑和卓越的思维为内向者增强了这种本领，深入地洞察每一个对象，就能在有限的空间，成就一番伟大的事业。

因出产夏普牌电视机闻名的早川电机公司董事长早川德次，很小的时候双亲就去世了，他在小学二年级时，就去一家首饰加工店当童工。但早川并不自暴自弃，小时候早川就想："在这世界上没有疼爱我的双亲，也没有关心我的长辈，我的处境比任何人都悲惨，但只要我努力生活，就不会输给别人。"

他进首饰加工店之后，每天所做的工作就是照顾小孩、烧饭、洗衣服以及搬运笨重的东西。这样年复一年过了4个春秋，有一次他鼓起勇气对老板说："老板，请您教我一些做首饰的手工好吗？"老板不但没答应，反而大骂道："小孩子，你能干什么呢？你喜欢学的话，自己去学好了！"

早川德次想，是的，不靠别人，要亲自去学，亲自思考，亲自去做。以后老板叫他帮忙时，他尽量用自己的眼睛看，用自己的双手学。这样，一切有关首饰制作上的学识和技能，他全部都靠自己的摸索学来了。

他的苦苦挣扎与努力终于没有白费，使他成为耳聪目明又富于创意的人。18岁他就发明了皮带用的金属夹子，22岁时发明了自动铅笔。有了发明，老板便资助他开了一家小工厂。这种自动铅笔很受大众喜爱，风行一时。世界没有给他任何东西，但他却给了世界很多。30岁时，在他赚到1000万日元以后，他就向收音机领域进军，创立了早川电机公司。

内向者善于独立思考，当他们把这种能力转变为创意时，其生活现状也许就会发生质的改变。商人说，创意无法标价，它落实后所创造的价值却是切切实实的。年轻人在刚刚步入社会时，一般很难立即拥有发财致富的机遇，这也符合踏实肯干，付出才能有所收获的道理。但也许我们此时实力不足，但如果能有好的创意，常常会达到事半功倍的效果。

为什么世界上大部分的科学家、艺术家都是内向者，那是因为他们善于思考。那么该如何培养自己的思考能力呢？

1. 内向者的创意生涯

创意不是高深的科学技术，它的起源常常是内向者的灵机一动，不需要经过严谨的学术训练和精密的理论论证。对于创意，任何一个人都可以与之亲密接触，创意的力量是无穷的，伟大的创意可以带来巨大的收益。

2. 创意青睐于爱思考的内向者

创意人人都有，但它更青睐于细心观察生活并随之跟进的人。创意是改变生活的加速度，它可以不是一件实实在在的产品，而是一种另辟蹊径的思维方式。思路决定财富并不是一句空话，处于困境中的人，如果有心要撬动财富的世界，改变自己的人生历程，只要头脑灵活，感觉敏锐，创意是你手中最有力的一根杠杆，它可以影响人生的成就和财富的流向。

心理启示

世界著名的成功学大师拿破仑·希尔著有《思考致富》一书，在书中，他提出是"思考"致富，而不是"努力工作"致富。希尔强调，最努力工作的人最终绝不会富有。如果你想变富，你需要"思考"，独立思考而不是盲从他人。对于多数人来说，把思考和金钱联系在一起的，就是创意。

第09章

超越自卑：内向者要打开内心自信的大门

　　内向者的自卑大约有两种，一是童年时期跟他人的比较过程中，技不如人的深刻体验，再加上某些不太利于成长的环境，会促使他自卑；二是如果仅对自己的事情比较了解，而对别人的事情不了解，那也会妄自菲薄。

内向性格影响力

扬长避短，让兴趣引爆你的特长

上天赋予每个人不同的个性的同时也给了每个人不同的兴趣爱好，可是有些人偏偏忽略了这一点，盲目跟风、无目的地效仿，看到别人成为钢琴家，自己也盲目地学钢琴；看到别人在画画上有所造诣，自己也去跟风，结果什么都是半途而废，最终以失败而告终。

还有一些人不够了解自己，这些人不知道自己的兴趣究竟是什么，自惭形秽、妄自菲薄，认为自己天生就是庸才，注定一生都要碌碌无为。其实，归根结底这些人失败的真正原因是没有找到自己的兴趣所在，没有很好地挖掘自身的潜力，过于盲从、过于武断地判断自己的价值。每个内向者都是一块金子，每个内向者都是一块尚待挖掘的宝藏，就看你是否具有一双慧眼，能够发现、挖掘出自己的价值，让自己的人生耀眼夺目、与众不同。

心理学家德西在1971年做了这样一个实验：他召集了很多大学生在实验室里解有趣的智力难题。整个实验分为三个阶段，第一阶段，所有的被试者都没有奖励；第二阶段，将被试者分为两组，实验组的被试者完成一个难题可得到一美元的报酬，而控制组的被试者与第一阶段相同，他们没有报酬；第三阶段，被列为休息时间，被试者可以在原地自由活动，并把他们是否继续去解题作为喜爱这项活动的程度指标。

结果，奖励组被试者在第二阶段表现得十分努力，但在第三阶段继续解题的人数很少，他们的兴趣与努力的程度在减弱。而没有奖励的被试者有更多人花更多的休息时间在继续解题，他们的兴趣与努力程度在增强。

经过这个实验，德西发现：在某些情况下，人们在外在报酬和内在报酬兼得的时候，不但不会增强工作动机，反而会降低其工作动机。一个人去做事的动机有两种：内部动机和外部动机。因内部动机去行动，他们觉得自己就是主人；相反，如果驱使他们的是外部动机，我们就会被外部因素所左右，并成为其奴隶。

《罗密欧与朱丽叶》的剧情让无数人动容，他们那缠绵悱恻的爱情故事让无数读者如痴如醉、潸然泪下。至今回首这部名作，我们还会为莎士比亚的文字叫好、称赞。莎士比亚是英国伟大的戏剧家和诗人，他用自己毕生的经历为人类留下了37部戏剧，其中至少有15部被公认为是世界文学史上的瑰宝。

翻开莎士比亚的人生史册，我们会发现，在他的人生中也出现过抉择，也是在不断地挖掘自己的兴趣与价值中成长的。

莎士比亚出生在英格兰中部美丽的埃文河畔，7岁时开始自己的读书生涯，可在校期间，他并不喜欢古板的祈祷文，而偏爱一些古罗马作家用拉丁文写的历史故事，尤其到了每年的五月节，更是他一生中最快乐的日子，因为每到这时都会有戏班子的演出，他每场演出必到，戏剧班子走到哪里，他就跟到哪里，如痴如醉地观看着每一场精彩的演出，直到戏班离开斯特拉福城为止。

14岁时，莎士比亚离开了学校，开始了他的谋生之路，他到父亲的铺子里做过帮工，在码头做过搬运工，当过导购……但他发现这些都不是自己的兴趣所在，唯独有一次他意外地在一家剧院找到一份工作，主要是替客人看管衣帽，照料有钱的观众上下马车，还有在后台打杂，虽然工作很琐碎、普通，但这个环境却是他梦寐以求的地方。从此，莎士比亚可以真正地接近戏剧了。一有空闲，他就躲在后台静静地观看演员们排练。这里，成了他的戏剧学校。这里也孕育了一位名垂青史的戏剧大师。

1592年的新年，对于莎士比亚来说是个难忘的日子，他的剧本《亨利六世》在伦敦最大的三家剧场之一——玫瑰剧场上演，莎士比亚一炮而红。很快《理查三世》《威尼斯商人》《温莎的风流娘儿们》《哈姆雷特》《奥赛罗》《李尔王》相继上演。悲剧《哈姆雷特》的轰动效应，更使莎士比亚登上了艺术的顶峰。

可以说，莎士比亚是在寻找兴趣、延续兴趣，并且在发展自己的兴趣中成长的，他一生都在为自己的兴趣而努力，一生都在为兴趣而拼搏，最终也成就了自己的梦想，取得了自己人生的辉煌。

不可否认，一个人在事业上取得的成就大小与兴趣是有很大关系的。如果你一直做自己喜欢做的事，你的内心便会充满愉悦与快乐。因为做自己喜欢的事才是幸福的，这样的幸福不用你做任何思想斗争，不用你去考虑任何不必要的琐碎事情，同时，它也不是你刻意追求的结果，因为它是自然而然的，与做事的过程相伴而生。

所以，千万不要逼迫自己去做不喜欢的事，把握好自己的兴趣，在该做出选择时不要犹豫，将你的精力消耗在你喜欢的事情上，你不仅会拥有很大的动力，同时会让你爱上你所做的事，因为喜欢，你会感觉前方的道路水阔天高；因为喜欢，你会浑身倍感动力；因为喜欢，你会尽情地享受自由与快乐。也正因为这样，你在做事时会得心应手、顺理成章、事半功倍。

心理启示

从心理学的角度来说，当一个人做与自己兴趣有关的事情，从事自己所喜爱的职业时，他的心情是愉悦的，态度是积极的，而且他也很有可能在自己感兴趣的领域里发挥最大的才能，创造出最佳的成绩。

欣赏自己，你是独一无二的

如果一个人太自卑，看自己哪里都是缺点，那么，他的内心是异常难受的，或许，每天的生活除了自卑还是自卑。对于内向者来说，最担心的事情就是自己不够了解自己，更为关键的是，不懂得欣赏和肯定自己，因为有时候那些莫名其妙的怒火其实是源于内心的自卑。他们习惯对自己挑剔，总是觉得这里不满意，那点也不如意，如身高不够高，身材不够性感，脸蛋不漂亮，家庭条件不够好等，这一切都可以成为他们自卑的理由。对此，心理专家建议我们要学会肯定并欣赏自己，千万不要自卑。

提到内向、敏感人士，中国文坛上有一号响当当的人物——林黛玉。

林黛玉刚刚进荣国府的时候，对她就有一句评语："心较比干多一窍。"后来，林黛玉看到史湘云挂了金麒麟，宝玉最近也得到了一个金麒麟，林黛玉便开始生气："便恐就此生隙，同史湘云也做出那些风流佳事来。"于是，林黛玉便去偷听，结果却听到了宝玉厌烦史湘云劝他留心仕途经济的话，宝玉说："林妹妹不说这样的混账话，若说这话，我也和他生分了。"黛玉听到这样的话，心中想："不觉又惊又喜，又悲又叹。所喜者，果然眼力不错，素日认他是个知己，果然是个知己。所惊者，他在人前一片私心称扬于我，其亲热厚密，竟不避嫌疑。所叹者，你既为我之知己，自然我亦可为你之知己，既你我为知己，则又何必有金玉之论哉；既有金玉之论，亦该你我有之，则又何必来一宝钗哉！所悲者，父母早逝，虽有刻骨铭心之言，无人为我主张。况近日每觉神思恍惚，病已渐成，医者更云气弱血亏，恐致劳怯之症，你我虽为知己，但恐自不能久持；你纵为我知己，奈我薄命何！"

有一次看戏，大家都看出那个演小旦的有点像林黛玉，只是都不肯说，史湘云却是快人快语，一下子就说了出来，林黛玉感觉到自己受辱，马上就生气了。怕黛玉生气，宝玉使眼色给史湘云，本来宝玉是一片好意，黛玉却是更加生气了。

后来，黛玉说起宝琴来，想到自己没有姊妹，不免心中怨气，又哭了，宝玉忙劝道："你又自寻烦恼了，你瞧瞧，今年比去年越发瘦了，你还不保养，每天好好的，你必是自寻烦恼，哭一会儿，才算完了这一天的事。"黛玉拭泪道："近来我只觉得心酸，眼泪却好像比旧年少了些的，心里只管酸痛，眼泪却不多。"宝玉说道："这是你平时哭惯了心里疑的，岂有眼泪会少的！"

林黛玉自己也明白，自己的病是因性情所起，但是，她却没有为之做出改变，真是令人叹息。虽然，林黛玉各方面条件都不差，但是，父母都已经不在人世，自己又寄人篱下，心中未免有点自卑，这成了其怨气的根源。在林黛玉身上所体现出来的特点是：既才华出众，却又多疑多惧。很多时候，她不懂得欣赏自己，自然就没有办法快乐起来，怨气越来越重，最终成了一种病。

那么，内向者应该怎样欣赏自己呢？

1. 自己就是与众不同

索菲亚·罗兰说："我懂得我的外形和那些已经成名的女演员不一样，她们都相貌出众，五官端正，而我却不是这样，我的脸毛病很多，但这些毛病加在一起反而会更加有魅力，说实在的，我的脸确实与众不同，但是，我为什么要和别人一样呢？"索菲亚的自我欣赏与肯定并没有令大家失望，后来，她被誉为是世界上最具自然美的人。

2. 夸夸自己

无论自己有多么独特的缺点，都不要嫌弃它，我们需要以一种欣赏的眼光来看待，因为这个世界不需要大众化的美，而需要独特的美丽，在这一点上，每个人都应该相信自己拥有一份与众不同的美丽，请学会欣赏与肯定自己吧，不要总是觉得不好意思夸自己。

心理启示

事实上，每个人都不是完美的，在我们的身上有一些可爱的缺点，但是，无论是缺点还是优点，那都是我们自己，我们首先就应该接受并欣赏自己。即使在某一方面做不到绝对的完美，那又有什么关系呢？根本没有必要把它当作一个内心自卑的理由，否则，除了生气，我们没有别的时间和精力来做其他的事情。

你为什么总是妄自菲薄

现代社会是一个开放和竞争的年代，人际交往越发频繁，在内向者的性格因素中，缺少自信，缺少对情绪的驾驭能力，而且时不时地还会感到自卑。对于这样的内向者，即使有再好的才华，恐怕也难获得广阔的施展空间。心理学教授说，自卑是一种消极的自我评价或自我意识，即个体认为自己在某些方面不如他人而产生的消极情感。自卑感就是个体对自己的能力、品质评价偏低的一种消极的自我意识。具有自卑感的内向者总认为自己事事不如人，自惭形秽，丧失信心，进而悲观失望、不思进取。

三毛是我国著名的作家，她小时候是一个非常勇敢而又聪明活泼的小女孩，她在12岁那年，以优异的成绩考取了台北最好的女子中学。在初一时，三毛的学习成绩不错，到了初二，数学成绩一直滑坡，几次小考中最高分才得50分，三毛心里很自卑。

但聪明而又好强的三毛发现了一个考高分的窍门。她发现每次老师出小考题，都是从课本后面的习题中选出来的。于是三毛每次临考，都把后面的习题背下来。因为三毛的记忆力好，所以她能将那些习题背得滚瓜烂熟。这样，一连6次小考，三毛都得了100分。老师对此很怀疑，决定要单独测试一下三毛。

一天，老师将三毛叫进办公室，将一张准备好的数学卷子交给三毛，限她10分钟内完成。由于题目难度很大，三毛得了零分。老师对她很是不满。

接着，老师在全班同学面前羞辱了三毛。他拿起蘸着饱饱墨汁的毛笔，叫三毛立正，非常恶毒地说："你爱吃鸭蛋，老师给你两个大鸭蛋。"

他用毛笔在三毛眼眶四周涂了两个大圆圈。因为墨汁太多，顺着三毛紧紧抿住的嘴唇流了下来，渗到她的嘴巴里。老师又让三毛转过身去面对全班同学，全班同学哄笑不止。然而老师并没有就此罢手，他又命令三毛到教室外面，在大楼的走廊里走一圈再回来，三毛不敢违背，只有一步一步艰难地将漫长的走廊走完。

这件事情使三毛丢了丑，她也没有及时调整过来。于是开始逃学，当父母鼓励她要正视现实，鼓起勇气再去学校时，她坚决地说"不"，并且自此开始休学在家。

休学在家的日子里，三毛仍然不能从这件事的阴影中走出来，当家里人一起吃饭时，姐姐弟弟不免要说些学校的事，这令她极其痛苦，以后连吃饭都躲在自己的小屋，不肯出来见人，就这样，三毛渐渐产生了自卑的心理。

少年时期的那段经历，影响了三毛的一生，在她成长的过程中，甚至是在她长大成人之后，她的性格始终以脆弱、偏颇、执拗、情绪化为主导。这样的性格对于她的作家职业生涯可能没有太多的负面影响，但这严重影响了她人生的幸福。

1951年，英国人弗兰克林在从自己拍摄的X射线衍射线照片上发现了脱氧核糖核酸（DNA）的螺旋结构，随后他以此为题作了一次很出色的演讲。然而，由于弗兰克林生性自卑，缺乏自信，总是怀疑自己的假说是错误的，从而放弃了这个假说。1953年，在弗兰克林之后，科学家克里克和沃森，也从照片上发现了DNA的分子结构，提出了DNA的双螺旋结构的假说，从而标志着生物时代的到来，两人因此而获得了1962年诺贝尔医学奖。

可以想见，如果弗兰克林不自卑，坚信自己的假说，进一步深入研究，这个伟大的发现肯定会以他的名字载入史册。唐拉德·希尔顿曾说，许多人一事无成，就是因为他们低估了自己的能力、妄自菲薄，以至于缩小了自己的成就。

自卑是一种不能自助和软弱的复杂情感，有自卑心理的人，就如同披着海绵在雨中行走一样，包袱会越来越重，直至压得人喘不过气。

1. 自卑带来的坏处

自卑会让人心情低沉，郁郁寡欢，常因害怕别人瞧不起自己而不愿与别人交往，只想与人疏远，缺少朋友，甚至自疚、自责、自罪；他们做事缺乏信心、没有自信、优柔寡断、毫无竞争意识，享受不到成功的喜悦和欢乐，因而感到疲劳、心灰意懒。

2. 自卑带来和坏处

被自卑感所控制，其精神生活将会受到严重的束缚，聪明才智和创造力也会因此受到影响而无法正常发挥作用。自卑是束缚创造力的一条绳索，是阻碍成功的绊脚石。这些消极的反应都表明，自卑的心理促使一个人在人生道路上走向下坡路。

> **心理启示**
>
> 对内向者而言，其实，战胜自卑并非难事，不要过于看重一次的失败与丢丑，不要因先天的缺陷而抬不起头，在生活中以平和的心态对待周围的人和事情，慢慢地，当你鼓起自信的风帆，划动奋斗的双桨，你一定会发现一个生气勃勃的你、一个潇洒自如的你、一个成功的你！

瑕不掩瑜，有不足也同样有潜力

命运总是喜欢捉弄人，翻开人类的成败史，我们经常会碰到一个个戏剧性的故事结局——在向同一个目标奋斗的过程中，一些处于顺境、条件便利的人往往是失败者，而一些身陷逆境、生有缺陷的人却往往是成功之神的宠儿。有些人之所以内向自卑，是因为他们身上有一些缺陷或不足，然而，我们更应该记住的一句话是：你有多少不足，就有多大潜力。

果真如此吗？细细研究，我们就会发现，其实二者的机会是均等的，只是在"可能"与"不可能"的博弈中，前者志向不坚定，畏首畏尾、举棋不定，让本来优越的条件剑走偏锋；而后者则心"雄"志"壮"，矢志不移、化不利为有利，最终安坐成功的金銮殿。

玛丽亚·格佩特·梅耶出生于德意志帝国统治下的普鲁士王国西里西亚省的卡托维兹（现属于波兰），发展了解释原子核结构的数学模型，1963年获诺贝尔物理学奖。关于她的成功，还有一段幼时的小插曲跟大家分享一下。玛丽亚天生胆小，尤其害怕在夜里一个人走路。自从读完《居里夫人传》后，她对这位伟大的女科学家产生了深深的崇拜和敬佩之意，并立志要做第二个"居里夫人"。于是，她把想法告诉了妈妈，妈妈十分欣慰并鼓励她道："孩子，一切都是有可能的，但你首先得勇敢，还要有毅力，经得起挫折和失败……"小女孩认真地点了点头，并努力按照妈妈的话去做。

8岁那年，有一次她和妈妈去集市买东西，快到家时，已经很晚了。她家的房子是一栋丛林掩映的红色小瓦房，虽然从房后看起来很近，但因为旁边杂草与荆棘丛生，时常还有刺猬等小动物出没其中，加上附近果园枝丫的遮挡，不仅行走不便，而且极易迷失方向，所以人们宁愿绕道也没有人从这儿走。那天傍晚，又要绕道时，小女孩突发奇想："能不能不绕道就到家呢？"于是，她倔强地拒绝了妈妈的劝告，一个人沿着房后，穿越丛生的杂草，结果真的赶在妈妈前面回到了家。这件事虽小，却大大增强了她追逐梦想的雄心壮志。

长大后，伴随着知识难度的加大，在求学路上她遇到的困难和挫折也越来越多、越来越大。当很多聪明的男孩在某些刁钻的难题上放弃时，她却凭着自己的倔强劲儿，相信没有什么不可能，品尝着一一攻克它们的喜悦，并最终考上了令很多优秀学生向往的哥廷根大学。

然而，尽管她已登上了科学的巅峰，但当时社会对女性的歧视仍然使她在那所著名的研究院受到冷遇和偏见。当年那个倔强的小女孩，又一次立下了她的壮志：向诺贝尔物理学奖发起挑战！

功夫不负有心人，几年后，她终于骄傲地站在了诺贝尔奖的领奖台上，不仅实现了幼时的宏愿，也让那些曾经藐视妇女的男性们俯首汗颜……

这是一个真实的事迹，小女孩用自己的成长历程告诉我们：没有什么不可能，只要努力，任何人都能一路犟到诺贝尔领奖台上。很多时候，我们缺乏的正是这种犟劲，一种不畏任何阻挠和压力直冲云霄的站姿，一种不卑不亢将壮志之根牢牢扎进信念沃土的底气。身正影不曲，根深叶自茂，雄心加信念，一切都能成为现实！

虽然拥有雄心壮志不一定能成功，但没有它绝对不能成功。思想是行动的种子，想是做的前提。就像汽车只有有了燃料才能向前跑、火箭只有有了助推器才能登上太空一样，一个人只有有了雄心壮志，才能冲破一切"不可能"的樊篱，克服一切不利条件，甚至是自身的一些先天缺陷，一步步实现突破，迈向成功。

在加拿大历届领导人中，有一位享誉世界的"蝴蝶总理"。他就是目前为止唯一一个两届连任的加拿大总理——让·克雷蒂安。可又有多少人知道这位杰出的领导人美丽称号背后的故事！

小时候的他，曾患有严重的口吃病。当别的孩子都能自由地表达、尽情地欢呼玩耍时，他却只能偎依在妈妈的身旁，听妈妈讲故事，用无声的言语和书中的人物交流，然后结结巴巴、吃力地向他唯一耐心的听众——妈妈，表达自己对书中人物的看法。

一次，他无意中从书上读到一篇关于蛹一步步蜕变成蝴蝶的神奇历程的故事，这则故事让他深受触动，连一只弱小的蛹都能变成美丽的蝴蝶，自己又有什么事做不到呢？于是他向妈妈结巴着、一字一顿地说道："……妈妈，有一天我也要化蛹成蝶……"妈妈一惊，她了解儿子被嘲笑时的沮丧，也懂得儿子此句话的深意，当即抱住儿子，流下了心疼且欣慰的泪水。并鼓舞他："孩子，没有你做不到的事情……"

从此，小让·克雷蒂安在妈妈的指导和帮助下每天口含石子讲话，开始了刻苦的讲话训练。虽然很多次嘴角都磨出了血，但他仍坚信着成为一只蝴蝶的可能，丝毫不动摇做一个杰出人物的雄心。终于，让·克雷蒂安克服了先天的缺陷，练就了一口富有磁力的嗓音和流利的口音，并在后来的总理大选中，以绝对票数领先，实现了那个美丽的夙愿……

让·克雷蒂安并不是一个天才，甚至可以说是一个天生就有很多缺陷的人。对于大多数的普通人来说，由一个凡人跃升为总理，有几个人敢有这样的奢望、想法？而让·克雷蒂安靠着自己雄心壮志的支撑，走出先天缺陷的泥淖，化蛹成蝶，实现了凡人都不敢企及的梦想。在他驶向成功彼岸的航船上，载满了坚强、执着，也历尽了恶风恶浪、急流险滩，而正是相信"可能"的信念给了他一往无前的力量，让他恪守着雄心壮志，最终拥抱自己的梦想。

不要因为自身有缺陷、有不足，就对自己说"不可能"。玛丽亚虽然生在女性不受重视的时代，不一样在学术上取得傲人的成就吗？让·克雷蒂安虽然天生口吃，不也一样成为世人敬仰的国家领袖了吗？

心理启示

"只有想不到，没有做不到"，雄心壮志是潜能的挖掘机，更是行动的助推器。没有志向或是志向不坚定的人，是难以产生持久的奋斗动力的；胸有凌云志，无高不可攀，自会有一种坚忍不拔的毅力，一股"仗剑出长安"的侠气。

坚持自我，你不可能让所有人满意

只要有人的地方就有是非，只要人家有嘴巴，就会有意见和批评，所以想快乐的人，就不要太在意别人的批评。一个没有主见的内向者，必定会被他人所摆布。跟着他人的脚步走，有时候确实可以起到明哲保身的作用，然而，你的人生也将永远隶属于他人。如果只会跟着他人的指挥棒走，就会失去想象力、创造力和进取心，同时也会失去自我生存的能力。

没有了自我，一切的快乐都是虚伪的假象。即使人家批评你、否定你、攻击你，也不代表你的自我受到否定，唯一能否定你的人，只有你自己。喜欢评头品足的人很多，你随时可能遇到讥笑和嘲讽，不要让它左右你，该干就干，而且力争干得最好。别人说你不行不等于你就不行。能力可以培养，习惯可以改变，素质可以提高，成就可以创造。记住埃默森的话："信心是成功的首要秘诀。"你的将来肯定会比过去更强。

一位成功学训练专家在演讲中讲到他自己的一个故事：有一次，我去拜会一位事业上颇有成就的朋友，闲聊中谈起了命运。我问他说："这个世界上到底有没有命运？"他说："当然有啊。"我再问他："命运到底是怎么回事？既然命中注定，那奋斗又有什么用？"他没有直接回答我的问题，而是笑着抓起我的左手说："不妨我先来帮你看看手相，帮你算算命。"接下来他就给我讲了一通关于生命线、爱情线、事业线等的话。

突然,他对我说:"你先把手伸好,照我的样子来做一个动作。"他的动作就是举起他的左手,慢慢地而且越来越紧地抓住拳头。他问:"握紧了没有?"我有一些疑惑,但还是说:"握紧了。"他又问:"那些命运线在哪里?"我机械地说:"在我的手里啊。"他再次追问:"请问命运在哪里?"这时,我如当头棒喝,恍然大悟:命运在自己的手里!这时他很平静,继续说道:"不管别人怎么跟你说,不管算命先生如何给你算命,请记住,命运在自己的手里,而不是在别人的嘴里,这就是命运。"我就在那里静静地坐着,静静地幻想,只觉得心扉如清泉流过。

其实,每个人的命运都如同你握在手中的小鸟,握在我们自己的手心。人的发展方向和生死成败,完全取决于我们的人生态度。只有积极进取,努力拼搏,才可能获得满意的结果。如果只是一味地等待机会,就如同躺在床上等待小鸟飞到你的手掌心,这样的话,伴随你的也只有一次次的失望甚至是绝望了。

内向者的许多不必要的烦恼,往往在于没有把握好心灵这杆秤,把重要的事情看得太轻,把不重要的事情又看得太重。如果内向者能善于对生活转化感受,把一些事情的意义、价值、利害在自我心理上做一种积极的转换,换一种角度去调整生活、享受生活,他就能比别人活得更轻松快乐一些。当挫折与不幸来临时,他也能更快地从中解脱出来。

从前，有一位画家想画出一幅人人见了都喜欢的画。画完了，他拿到市场上去展出。画旁放了一支笔，并附上说明：每一位观赏者，如果认为此画有欠佳之笔，均可在画中做上记号。晚上，画家取回了画，发现整个画面都被涂满了记号——没有一笔一画不被指责。画家十分不快，对这次尝试深感失望。

画家决定换一种方法去试试。他又摹了一张同样的画拿到市场展出。而这一次，他要求每位观赏者将其最为欣赏的妙笔都标上记号。当画家再取回画时，他发现画面又被涂遍了记号——一切曾被指责的笔画，如今却都换上了赞美的标记。

"哦！"画家不无感慨地说道，"我现在发现：不管我们做什么事，只要使一部分人满意就够了；因为，在有些人看来是丑恶的东西，在另一些人眼里则恰恰是美好的。"

画家明白了，内向的你明白了吗？成功人士不依赖于他人的批评或认可去追求自己的事业或奋斗目标。他们不顾社会压力，坚定不移地沿着自己的想法勇往直前；他们倾心于自己的挚爱，而不是投他人之所好；他们不会因一时的挫折而畏缩不前，也不会将差错归咎于别人，而是一心不屈不挠地追求事情的结果。所以，内向者，请做好你自己，不要时时企求他人的指引，用你自己的眼睛看人生的风景，它会分外美丽。

况且，大千世界，芸芸众生，天下何人不被说？每个人都少不了被别人评头论足，这是人生现实，是一种避无可避的现象。喊出属于自己的声音，走出属于自己的道路，那就够了，何必非要人理解？只有弱者才把渴求理解看得比什么都重要，在不被理解的情况下痛苦得无法自拔，从表面上看，这是在寻求"理解"，而实质上却是在企求怜悯和同情。这样的人，他们终日沉浸在观察别人对自己的态度上，无精打采、忧心忡忡、碌碌无为，这样的人很难有属于自己的理想、自己的生活和自己的路，因而，他们也很难创造出属于自己的价值。

心理启示

> 生活就是这样，你不能企求尽善尽美、人人满意。使一部分人满意就足够了，否则，你将可能无所适从。一旦寻求赞许成为一种需要，要做到实事求是几乎就不可能了。如果你感到非要受到夸奖不可，并常常做出这种表现，那就没人会与你坦诚相见。同样，你也不能明确地阐述自己在生活中的思想与感觉，你会为迎合他人的观点与喜好而放弃你的自我价值。

积极阳光，别让悲观蒙住你的双眼

马克·吐温说："世界上最奇怪的事情是，小小的烦恼，只要一开头，就会渐渐地变成比原来厉害无数倍的烦恼。"对于那些有着悲观心境的内向者来说，就恰似心中长了一颗毒瘤，哪怕是生活中一点小小的烦恼，对他来说，都是一种痛苦的煎熬。每天增加一点点不愉快，毒瘤在消极情绪的养分下不停地生长，直到有一天，毒瘤化脓，开始散发出阵阵恶臭，而他已经被悲观所吞噬了。

悲观，是一种比较普遍存在的情绪，面对生活中诸多的不如意，内向者总会产生悲观情绪，然而，很多人尚未意识到悲观的危害性。甚至有的内向者认为，悲观也没有什么大不了的，又不是抑郁症。可是，据心理学家观察，长时间的悲观心境，会让内向者感到失望，丧失其心智。长期生活在阴影里，自己也变得郁郁寡欢。所以，请远离悲观，调整自己的情绪，走出悲观的阴霾，做一个乐观积极的人。

有两个人，一个叫乐观，另一个叫悲观，两人一起洗手。刚开始的时候，端来了一盆清水，两个人都洗了手，但洗过之后水还是干净的。悲观就说："水还是这么干净，怎么手上的脏物都洗不掉啊？"乐观却说："水还是这么干净，原来我手一点儿都不脏啊！"几天过去了，两个人又一起洗手，洗完了手，发现盆里的清水变得很脏了，悲观就说："水变得这么脏啊，我手怎么这么脏？"乐观却说："水变得这么脏啊，瞧，我把手上的脏东西全部洗掉了！"面对同样的结果，不同心态的人，就会有不同的感受。

拥有悲观心境的人，他们只是一味地抱怨，他总是看到事情的灰暗面，哪怕是到了春天，他所能看到的依然是折断的残枝，或者是墙角的垃圾；拥有乐观心境的人，他们懂得感恩，在他们的眼里到处都是春天。悲观的心境，只会让自己郁郁沉沉；乐观的心态，会让生活充满阳光。

有两位年轻人到同一家公司求职，经理把第一位求职者叫到办公室，问道："你觉得你原来的公司怎么样？"求职者脸色满是阴郁，漫不经心地回答说："唉，那里糟透了，同事们尔虞我诈，勾心斗角，我们部门的经理十分蛮横，总是欺压我们，整个公司都显得暮气沉沉，生活在那里，我感到十分压抑，所以，我想换个理想的地方。"经理微笑着说："我们这里恐怕不是你理想的乐土。"于是，那位满面愁容的年轻人走了出去。

第二个求职者被问了同样的问题，他却笑着回答："我们那里挺好的，同事们待人很热情，互相帮助，经理也平易近人，关心我们，整个公司气氛非常融洽，我在那里生活得十分愉快。如果不是想发挥我的特长，我还真不想离开那里。"经理笑吟吟地说："恭喜你，你被录取了。"

前者是悲观的，在他的生活中始终笼罩着一团乌云，因此，他看什么人和事都是阴郁的，一份多么美好的生活摆在他面前，他都认为"糟糕透了"；后者是典型的乐观者，阳光始终照射着他的生活，即使是再糟糕的生活，在他看来，也是十分美好的。悲观者看不到未来和希望，所以，他面临的是求职失败，或许，在人生的道路上，后面还有更多的失败在等着他，除非他能够换一种心境。

1. 学会拥抱阳光

对于每个人来说，悲观的心境就像是漂浮在天空中的乌云，它遮住了生活的阳光，长久下去，我们会变得闷闷不乐。所以，远离悲观，放下心中的怨气，让阳光照进生活中。

2. 战胜悲观，赢得成功

或许，谁也没有想到过，美国最著名的总统之一——林肯竟然曾是抑郁症患者。当时，林肯在患抑郁症期间，他曾说了这样一段感人肺腑的话："现在我成了世界上最可怜的人，如果我个人的感觉能平均分配到世界上每个家庭中，那么，这个世界将不再会有一张笑脸，我不知道自己能否好起来，我现在这样真是很无奈，对我来说，或者死去，或者好起来，别无他路。"幸运的是，林肯战胜了抑郁症，成功地当选了美国的总统。

心理启示

事实上，悲观给我们的生活造成的影响是巨大的，一个有着悲观心境的内向者，无论是生活还是工作，他都没有办法获得成功。甚至，那种悲观的心境还会有意或无意地成为其成功路上的绊脚石。所以，内向者，请告别悲观，让阳光照进心底。

第10章

独立思考：当你学会拥抱孤独，世界也会拥抱着你

人要么庸俗，要么孤独。如果不想庸俗过一生，那就战胜孤独，在孤独中成就自我。孤独是与生俱来的，当你遇到困难的时候，没有人会帮你，必须独自承受；当你获得成就的时候，很多人簇拥着你，但你却要淡化一切。孤独是思考，更是包容。

因为不够孤独,你离优秀还差一步

一位成功者经历了三次重大的危机均化险为夷,屹立不倒,对此,有人问他:"令你转危为安的灵感来自何处?"他说:"林中独步。"孤独的思考,形成一种通盘布局的判断力也是确保你的奋斗能够成功的必备条件。真正优秀的人一定觉得自己是孤独的,他们也清醒地认识到自己的优秀来源于一份孤独。

在这个世界上,没有任何一个人能随随便便成功,一步登天的奇迹,以及一蹴而就的成功,那也是经历了上百次的尝试,才铸就了这样短暂的光辉。正如俗话说:"台上一分钟,台下十年功。"有可能在台上表演的时间往往只有短短的一分钟,但为了台上这一分钟的表演时间,许多人却要为此付出十年的孤独努力,甚至需要煎熬更长的时间。成功不是一朝一夕获得的,是靠每一天的艰苦付出收获来的。做每一件事就好像建罗马城一样,要想把它建成、建好,你就必须付出超乎常人的代价和心血。我们应该记住,通往成功的道路从来都不会是一条风和日丽的坦途,人生必须渡过逆流才能走向更高的层次,最重要的是在这个过程中学会孤独、蓄积待发,最终走向成功。

很久很久以前，有一个养蚌人，他想培育出一颗世界上最大最美的珍珠。于是，他去海边的沙滩上挑选沙粒，并且一颗一颗地询问它们："愿不愿意变成珍珠？"那些被问到的沙粒，一颗颗都摇头说："不愿意。"就这样，养蚌人从清晨问到黄昏，得到的都是同样一句话："不愿意。"听到这样的答案，他快要绝望了。

就在这时，有一颗沙粒答应了他，因为它的梦想就是成为一颗珍珠。旁边的沙粒都嘲笑它："你真傻，去蚌壳里住，远离亲人和朋友，见不到阳光雨露，明月清风，甚至还缺少空气，只能与黑暗、潮湿、寒冷、孤寂为伍，不值得！"但是，那颗沙粒还是无怨无悔地跟着养蚌人走了。

斗转星移，多年过去了，那颗沙粒已经成了一颗晶莹剔透、价值连城的珍珠，而曾经嘲笑它的那些伙伴，却依然是沙滩上平凡的沙粒，有的已经风化为了尘埃。

一个人成功的过程就无异于一颗沙粒变成珍珠的过程，在这个过程中，你需要经历痛苦与枯燥，而且你必须等待着、忍耐着、孤独着，当你走完黑暗与苦难的隧道之后，你会惊喜地发现，原来平凡如同沙粒的你，在不知不觉间已经成了一颗璀璨的珍珠。

有个年轻人刚从学校毕业，来到一家杂志社应聘工作，他赶到杂志社的时候，那里已经挤满了前来找工作的人。过了一会儿，走进来一个人，他自称是杂志社人事部的工作人员，他给所有应聘的人每人发了一份简历表，大家纷纷掏出笔，趴在走廊的椅子上填表。接着，那个人事部的工作人员带领大家走进了一间办公室，说道："主任现在正在开会，请大家在这里等待他来面试。"大家都在等待着，一小时过去了，主任还是没有出现，又一小时过去了，有的人开始变得烦躁不安，有的人在屋子里走来走去，嘴里小声嘟囔着什么。

眼看快到中午了，有人忍不住了，他们收拾东西转身离开，而且把门摔得特别响。年轻人也已经不耐烦了，也想跟其他人一样走掉，但他转念一想，自己已经等了那么久，什么也没等到，那就再等等吧。到了12点，人几乎都走光了，只剩下这个年轻人和一个坐在他对面的人，那个人看上去很精干，但与年轻人不同的是，他坐得很舒适。

年轻人忍不住问："你是来应聘什么职位的？"那个人扭过来看了一眼年轻人，漫不经心地回答说："我不是来应聘的。"年轻人惊讶极了："那你在这里等了一上午在等什么呢？"那个人没有回答年轻人的问题，而是提出了一个问题："你觉得在杂志社工作需要具备什么样的条件呢？"年轻人想了想，回答说："细心，当然，还有一点也很重要，就是耐心。"听了年轻人的话，那个人脸上露出了笑容，说道："恭喜你，你被录取了。"年轻人这才明白，原来这位精干的人就是主任，也就是这次面试的主考官。

从这个故事可以看出，那位年轻人并非一个人云亦云的人，虽然很多人都走了，但他可以独自忍受着等待的枯燥、痛苦、孤独，因为他坚信：自己这样的等待不能一无所获，而是需要有所得，哪怕是见上面试官一面也好。然而，正是这样耐得住寂寞的心态让他最后赢得了那份工作。

一个人若是不付出、不努力，就梦想着成功，那根本就是做白日梦，时间不会给予你任何东西，只会给你的人生留下一段空白。生活就是这样，你需要付出，才能有所收获，而这样的付出是不间断的，一旦你放弃，那你即将获得的成功也会随之消失。

心理启示

在更多的时候，你为成就自己而经历的孤独与收获是成正比的。在这样的孤独中你会经历耐力与坚忍的考验，并会从中学会一些改善自己的思维与行事技巧的方法。许多东西需要在孤独时面对，在孤独中成就。相反，如果你根本无法学会孤独，只想坐等成功，那是根本不可能的，你等来的终究会是一场空。

战胜孤独，在孤独中成就自我

　　一个人无妻无子甚至无父母，过着孤独、忧郁和愤世嫉俗的生活，你觉得什么最可怕？孤独，让人窒息的孤独。因为孤独的时候，常常是最无助的时候，那种感觉就好像这个世界只剩下了自己一个人，自己被所有人抛弃了，内心的空虚感、寂寞感一起袭来，有时候甚至丧失了生活的勇气。懦弱的人将孤独看作最可怕的敌人，他们害怕自己会孤立无援，害怕只有自己一个人，因此心灵也会变得十分脆弱。

　　其实，孤独并不可怕，可怕的是当你面对孤独时放弃生活的希望。要学会战胜孤独，当孤独的痛苦笼罩你时，你就应该面对它、看着它，不要产生任何想要逃走的想法。因为，如果你选择逃走，你就永远也不会了解它，而它则躲在一角伺机而动，预备着下一次的袭击。

　　我的一位朋友是一个孤独的妇人，她的丈夫在几年前去世，于是她陷入了无法自拔的悲痛中，开始卷入千万孤独大军的队伍中，她被孤独折磨得痛苦不堪，甚至想到了离开这个世界，最后，她想到了我，希望能从我这里获得一丝帮助。

　　我用上所有能想到的词来安慰她，告诉她虽然在中年失去自己的爱人是一件非常痛苦的事情，但是，随着时间的推移，一切都可以重新开始，她完全可以拾起自己新的幸福。可是，她似乎对我的劝说毫不理会，依然绝望地说："这一切都不可能了！我还会有什么幸福吗？不，根本没有！我的丈夫离开了我，我也不再有年轻的容貌，如今孩子们也都已经长大成人了，我还有什么希望呢？"这位可怜的妇人已经得了严重的自怜症，最后，因为自怜症导致的孤独使这位妇人失去了朋友，丧失了兴趣，也没有了希望，甚至和自己的孩子们也都反目成仇。

其实，孤独是一种常见的心理状态。孤独感是人们在思想上、行为上的体现。人们常常说的孤独其实包含了两种情况：

第一种是由于客观条件的制约所引起的孤独，他们由于种种原因不得不长期远离"人群"，一个人或者是一群人独立生活，如远离城市到边疆哨所站岗的士兵们，长期坚持在高山气象观测站工作的科技工作者，长期为了工作而四处航行的海员等，这样的孤独是一种有形的孤独，因为他们远离亲人朋友，在工作之余没有与更多的人相互交往的机会，没有丰富多彩的精神生活，不免有时感到寂寞，感到孤独。

第二种是身处人群之中，但内心世界却与生活格格不入而造成的"无形"的孤独。人的孤独更多地来自内心深处的寂寞，因为感情，或是因为生存境遇的突然巨变，使得他们内心无法承受。孤独的人因其受内心的折磨，精神也会受到长时间的压抑，不仅导致自己的心理失去平衡，还会影响自己的智力和才能的发挥，引起人心理上、思想上的坍塌，产生情绪低沉、精神萎靡，并且失去事业的进取心和对生活的信心。

很多有孤独感的人，并不是自己愿意孤身独守，而是他们在人生的旅途中遭遇了坎坷，陷入无边的孤独和痛苦中，不能自拔；或者得不到别人的理解，也不愿意去理解别人，于是选择洁身自好；有的是看不起自己，不相信自己，有一种深深的自卑感。于是，他们在面对孤独的时候，甚至没有抗争，就束手就擒。所以，他们陷入没有边际的痛苦中，与孤独为伴。而有的人是因为内心世界的封闭使他们无法通过感情交流来建立真正的友谊，友谊的缺乏使他们陷入一种强烈的孤独感。有的人这样来描述自己的感受："在这个世界，我感到孤独、嫉妒、愤怒、紧张。"

心理启示

无论是因为人生境遇，还是因为自己的感情失意，人的孤独感在无形中已经成了人们通往正常工作和生活的阻碍。由于内心世界与人们生活有距离所造成的孤独感，是非常可怕的。只有战胜这类孤独，才能在自己的事业上取得成就，才能扬起生活的风帆。

潇洒于世，孤独是一种常态

说到"世俗"，就连那些目不识丁的老太太顷刻间也会心领神会。"世俗"到底是什么？举个很简单的例子，如果你想问题、做事情以及处理大大小小的细节方面都与别人相同，那么，你就世俗了。当然，这并不是贬低世俗者，只是一种客观描述。对待世俗，每个人都有自由选择的权利。任何一个人都可以选择世俗，也可以选择超凡脱俗。显然，"世俗"确实是存在的，但是，人们在谈到它的时候，难免会皱眉，这个词儿毕竟是贬义大于褒义。作为社会中的一分子，如何对待世俗，才能获得身心轻松呢？

对世俗，我们应该了解，应该接受。你需要明白，哪些是世俗的，并且接纳它们。当然，你也可以选择与屈原一样，不与世俗同流合污，遗世而独立。但是，我们却不能成为屈原，当别人都在骂我们是疯子的时候，你不会有勇气像屈原一样说出"举世皆醉我独醒"的话来。

陶渊明曾写了这样一首诗："少无适俗韵，性本爱丘山。误落尘网中，一去三十年。羁鸟恋旧林，池鱼思故渊。开荒南野际，守拙归园田。方宅十余亩，草屋八九间。榆柳荫后檐，桃李罗堂前。暧暧远人村，依依墟里烟。狗吠深巷中，鸡鸣桑树颠。户庭无尘杂，虚室有余闲。久在樊笼里，复得返自然。"

在封建社会，多少读书人不过都是为了求得一官半职而寒窗苦读十载，但陶渊明却不愿意为五斗米折腰而愤怒辞官归隐。他两袖清风，一气之下愤然绝迹官场，如此的高风亮节确实让人拍案叫绝。当然，做出这样超凡脱俗的举动是不为世人理解的，代价也是很大的，尽管如此，对于他的胆识和傲骨后人仍旧由衷地佩服。

在历史上，也有很多世俗到了极点的人，正因为他们将"世俗"的手腕耍弄得太过分了，反而走向了另外一个极端，逐渐地，从世俗走向了卑鄙、无耻、市侩。比如一千多年前的秦桧，他就是世俗过度了，为了一己之私而不择手段地做出卑鄙之事：假传圣旨宣岳飞收兵回府，将岳飞父子以"莫须有"的罪名杀害于风波亭。因过度世俗，秦桧成了历史上卑鄙无耻之徒的"典范"。

作为现代社会的我们，早已经成为社会中的一分子，夹杂在各种各样的关系中，我们不可能脱离社会而独立存在。或许，我们做不到无缘世俗，但却可以做到"不逢迎世俗"。陈道明就是一个很好的示范。

有人说，陈道明是生活在夹缝中的人。在他那精湛而淳朴的生活艺术中，感性与理性并存，清高与亲切并存，冷漠与多情并存，超脱与世俗并存。熟人说，陈道明平时就爱干四件事：读书、上网、弹琴、打球。不过，在网上一个关于他的资料库里，还赫然写着：麻将。看来，对于世俗的东西，他还是接受的。

大多数明星喜欢活在鲜花与掌声中，但他却不一样，低调地华丽显现他超凡脱俗的气质。很多明星硬是编也要为自己编一个绯闻故事,但他却远远躲着绯闻。对于世俗,他从来不逢迎,问到他最喜欢的事情,他只是这样回答:"我最喜欢的事?就是搬一凳子,往那儿一坐,看天发呆。"

张爱玲曾在《天才梦》中说:"……直到现在,我仍然爱看《聊斋志异》与俗气的巴黎时装报告……"似乎,她这个女人确实俗透了,但是,仔细品鉴,发现她的世俗却又是别具一格的。生活中,没有一个人能真正地做到超凡脱俗,我们不过都是一介凡夫俗子,又怎会完全脱离世俗而存在呢?

> **心理启示**
>
> 我们需要了解世俗、接受世俗,但不逢迎世俗。简单地说,我们可以很好地融入世俗的社会,但是,自己却不要成为一个世俗的人,所谓"出淤泥而不染",说的就是如此。对世俗,我们要多了解,主动接纳,但是,对于世俗的人和事,不要曲意奉承,而是努力做好自己。

内向者享受孤独,在孤独中成为你自己

叔本华说:"那些具有伟大心灵的人都是人类的真正导师,他们不喜欢与他人频繁交往是一件很自然的事情,这和校长、教育家不会愿意与吵闹、喊叫的孩子们一起游戏、玩耍是

一样的道理。这些人来到这个世上的任务就是引导人类跨越谬误的海洋，从而进入真理的福地。他们把人类从粗野和庸俗的黑暗深渊中拉上来，把人类提升至文明和教化的光明之中。"很多时候，独处是一种精神上的自由，至少在独处这段时间，没有谁会打扰到你，只是一个人静享一段时光。

在英国有一种为已婚男性开的俱乐部，男性们可以离开家庭到那里去独处一个周末。这并不是他们已经厌烦了家庭，也不是他们想抛弃家庭。他们只是想找一个地方，有几个志趣相投的朋友，一起聊聊天，喝杯酒，甚至是发发牢骚，缓解一下心中的压力。

在心理学家看来，所谓"独处空间"，更多时候是一个概念。就像网络流行语"我想静静"，表达的是一种心理需求状态。这个空间它不局限于某个具体的位置，不一定是封闭的，它更多强调的是"不被打扰，就像回到单身状态"的特征。

纵观古今中外卓越的伟人，大部分都是孤独者，一个天才的灵魂之所以会回避这个社会，其最终目的也是为了洞察社会。一个真正卓越的人，必须要有一颗孤独、勤劳、谦虚的心，独乐其乐。没有其他人，他自己的评价就能够成为衡量的尺度，他自己的赞美就能够成为最丰盛的奖赏。

为什么学者会坚守一种孤独与寂寞的状态呢？因为只有孤独，他才能够清楚地了解自己的思想，如果他居住在僻静的地方，心劳日拙、向往人群、渴望炫耀，那他依然不够孤独，因为他总怀念俗世。如此一来，目不明、耳不聪，因此也就无法静下心来去思考。但是如果珍爱灵魂，就应该斩断各种世俗的羁绊，养成独处的生活习惯，这样才能获得蓬勃的发展，如同林中葱茏的树木，一如田野绽放的野菊。

可以说，拉斐尔、安吉洛、德莱顿、司汤达都身居于人群之中，然而，在灵感闪烁的那一瞬间，人群便在他们的眼中暗淡消隐了。他们的目光投向那地平线，投向那茫茫的空间。他们将周围的旁观者忘却在了脑后，他们应对的，是抽象的问题与真理，他们在孤独地思考。

心理启示

高尚的、人道的、慷慨的、正义的思想，不是群居所能赋予的，只能够通过孤独来得到升华。重要的并不在于与世隔绝，而是保持一种精神上的独立。即使身居于闹市之中，诗人们也依然可以是隐士。有灵感的地方就会有孤独。

忍住那些孤独时刻，你终能成就自己

查尔斯·詹姆士·福克斯对那些面对艰难的孤独时刻从不灰心丧气的人，总是寄予厚望，他说："年轻人首次登台亮相就博得满堂喝彩当然不错,不过我更欣赏在失败后还能一再尝试的年轻人,这才是生活的强者,他们往往比首战告捷的人发展得更好。"在追寻梦想的道路上,挫折与孤独最能考验人的意志,也最容易让一些人胆怯、恐慌、生气和抑郁。但是,只要我们坚持心中的梦,忍受孤独时刻,最终会等来梦想照进现实的一天。

1967年夏天,美国跳水运动员乔妮·埃里克森在一次跳水事故中身负重伤,除脖子外,全身瘫痪。乔妮怎么也摆脱不了那场噩梦,不论家人和亲友如何安慰她,她总是认为命运对她实在不公。

她曾经绝望过,但最终,她开始冷静思索人生的意义和生命的价值。她借来许多介绍前人如何成才的书籍,一本一本认真地读了起来。

她虽然双目健全,但读书仍很艰难,只能靠嘴衔根小竹片去翻书,劳累、伤痛常常迫使她停下来。但是休息片刻后,她又坚持读下去。通过大量的阅读,她终于领悟到残疾也可以成才。于是,她想到了自己中学时代曾喜欢画画,为什么不能在画画上有所成就呢?乔妮捡起了中学时代曾经用过的画笔,用嘴衔着,练习开了。

这是一个非常艰辛的过程。用嘴画画,她的家人闻所未闻。许多年过去了,她的辛勤劳动没有白费,她的一幅风景油画在一次画展上展出后,得到了美术界的好评。

第10章 独立思考：当你学会拥抱孤独，世界也会拥抱着你

后来，乔妮又想到要学文学。经过许多艰辛的岁月，乔妮再次成功了。1976年，她的自传《乔妮》出版了，轰动了文坛，她收到了数以万计的热情洋溢的信。两年又过去了，她的《再前进一步》一书出版，后来还被搬上了银幕，影片的主角就由乔妮自己扮演，她成了千千万万个青年自强不息、奋进不止的榜样。

生命中，往往是那些艰难的孤独时刻成就了我们。生命中没有逆境，也就无法使才能与智慧获得增长。如果你想采摘玫瑰，就不要怕刺扎破手指。人的一生中不可能只有成功的喜悦而没有遭受挫折的痛苦，一个人如果能在失望与绝望中看到希望，抓住新生，他就已经获得了一半的成功。

人生的道路从来没有直路可走，当乔妮踏上人生征途之后，就做好迎接挫折挑战的准备，面对挫折坚强不屈，决不退缩，把挫折当成奋斗的阶梯，当成磨炼生命的礼物，用自信、乐观和毅力面对挫折，用坚强、镇定和勇敢战胜挫折，这样她才能一步步地实现自己的梦想。

小时候，妈妈总是这样说："你能做到，玫琳凯，你一定能做到。"玫琳凯女士不仅将这句话作为自己的座右铭，而且将这句话作为公司的理念来激励更多的女性。玫琳凯坦言，自己创建公司是在遇到了一些挫折之后才真正开始。

玫琳凯女士在直销行业工作了25个年头，当时，她已经做到了全国培训督导。但是，眼看着自己的一位男下属都得到了

提拔，而且薪水还是自己的两倍，玫琳凯女士毅然决定辞职。当时她几乎收到了所有亲朋好友的反对，大家都好言相劝玫琳凯珍惜现在稳定、高薪的工作。但她想要实现自己的一个理想，她说："我建立公司时的设想是想让所有女性都能够获得她们所期望的成功，这扇门为那些愿意付出并有勇气实现梦想的女性带来了无限的机会。"

然而，在创业之初，她经历了多次失败，也走了不少弯路，但是，她从来不灰心、不泄气，反而这样诙谐地解释："挫折是化了妆的祝福。"最后，她创建了玫琳凯公司，玫琳凯女士这样说道："从空气动力学的角度看，大黄蜂是无论如何也不会飞的，因为它身体沉重，而翅膀又太脆弱，但是人们忘记告诉大黄蜂这些。女性就是如此——只要给她们机会、鼓励和荣誉，她们就能展翅高飞。"

从玫琳凯的身上，我们可以看到不惧怕孤独、敢于挑战的勇气成就了她的不平凡。年轻人若想成为像玫琳凯女士那样优秀的人，就需要经得起挫折的历练，经得起艰难的磨砺，因为成功需要风雨的洗礼。一个有追求、有抱负的年轻人，他会将艰难与孤独当作前行的动力。敢于乘风破浪，让困难成为自己的垫脚石。艰难时刻对自立的年轻人来说是一块成功的跳板，对坚强的年轻人则是一笔宝贵的财富。

> **心理启示**
>
> 生活中的艰难和孤独是必然的,所以,当我们遇到它时没有必要怨天尤人。面对艰难的孤独时刻,不要畏惧,迎难而上,直面困难,将生活中的每一个艰难都当作是上天对我们的考验。只要我们心中怀着必胜的信念,对自己说:"我能行!"那么,那些艰难的孤独时刻最后往往会成就我们。

伟大的成就都来自孤独的坚守

常言道:"小不忍则乱大谋。"在成功之前,我们往往需要忍受常人不知的寂寞和孤独。生活中的每一个人,无论是谁,在人生中难免会深陷逆境,却一时又无力扭转面临的逆境,那么最好的选择就是暂时忍耐,因为事情总是在不断变化的,一旦有利的时机到来,那成功就是指日可待了。所谓"忍一时风平浪静,退一步海阔天空",学会在忍耐中等待命运转折的时机。大凡成大事者,必定能忍得一时之辱,容得一时之孤独。忍耐是一种品质,一种精神,更是一种成熟,一种理智,它似乎可以给人生一种奋进的力量,在布满荆棘的道路上,在变化莫测的航行中,忍耐给予的生命光芒在信念中闪烁。

当然，忍耐并不是坐在那里默默地忍受一切，而是从心理上接纳所面临的事情，做足准备，默默等待时机。当生活中的挫折与困难迎面而来的时候，暂且不去做判断，不管遇到多么大的事情，最好暂时忍耐一下，也许到了下一刻事情就会有所转机，或许就会有解决问题的办法。

王明是一位留美的计算机博士，毕业之后，他打算在美国找工作。拿着自己的各种证书，以及在学校所获得的各类奖章，四处奔波找工作。可是，两三个月过去了，他还是没有找到合适的工作，他所选择的公司都没有录用他，而那些愿意录用他的公司却又是自己看不上的。他没有想到，自己堂堂一个博士生，居然沦落到高不成低不就的尴尬境地。思前想后，他决定收起自己所有的证书与奖章，以一种"最低的身份"再去求职。

没过多久，他就被一家公司录用为程序输入员，这份工作相当简单，对一个博士生来说简直就是大材小用。但王明并没有抱怨什么，即使是最简单的工作，他依然干得一丝不苟。这样干了一个多月，上司发现他能迅速看出程序中的错误，这可不是一般的程序输入员能比的，这时候，王明向上司亮出了学士证，上司知道了他的能力，马上给他换了一个与大学毕业生对口的岗位。又过了一段时间，上司发现他经常能够提出一些独到的有价值的建议，远比一般的大学生要高明。这个时候，王明又亮出了硕士证，上司又立即提升了他的职位。再过一段时间，上司觉得他还是跟别人不一样，就开始有意识地质询

第10章　独立思考：当你学会拥抱孤独，世界也会拥抱着你

他，这时候，王明才拿出了自己的博士证，上司对他的能力有了全面的认识，毫不犹豫地重用了他。

当王明陷入了找工作的困境，他放弃了自己的所有证书，以一个最普通的人去应聘，并获得了一份工作。我们可以想象，一个有着博士学位的人，甘愿做一个普通的职员，那该有多么孤独。但王明忍耐了下来，他在等待机会，终于，老板开始发现他深藏不露的能力，渐渐地重用他，最终他获得了自己应有的位置和价值。

韩信是淮阴人，还未成名的时候，他只是一个平民百姓，贫穷、没有好品行，不能够被推选去做官，又不能做买卖维持生活，经常寄居在别人家里吃闲饭，人们大多厌恶他。他曾经多次前往下乡南昌亭亭长处吃闲饭，并在那里连续吃了好几个月，亭长的妻子很嫌弃他，就提前做好了早饭，端到内室的床上去吃。开饭的时候，韩信去了，却不给他准备饭菜，韩信也明白他们的用意，一怒之下，就告辞而去，不再回来。

有一次，韩信在城下钓鱼，有几位老大娘在漂洗涤丝绵，其中一位大娘看见韩信饿了，就拿出饭给韩信吃。几十天都这样，直到这位大娘将所有的涤丝绵都漂洗完毕。韩信很感激，对那位大娘说："我一定重重地报答您老人家。"大娘生气地说："大丈夫不能养活自己，我是可怜你这位公子才给你饭吃，难道是希望你报答吗？"自此，韩信立志要成就一番事业。

后来，淮阴屠户中有个年轻人侮辱韩信说："你虽然长得

高大，喜欢戴刀佩剑，其实是个胆小鬼罢了。"又当众侮辱他说："你要不怕死，就拿剑刺我；如果怕死，就从我胯下爬过去。"这次，原本冲动的韩信并未多说，只是仔细打量了他一番，便低下身去，趴在地上，从他的胯下爬了过去。满街的人看见了，都嘲笑韩信，认为他胆小。

后来，韩信先是跟随项羽攻城略地，后追随刘邦出生入死，成为刘邦麾下的杰出大将，再回忆之前的胯下之辱，那不过是忍辱负重，这样才有了后来功成名就的韩信。

或许，别人都耻笑韩信懦弱，但韩信本人却不以为耻。事实上，当时，韩信绝不是不敢刺他，而是因为韩信胸怀大志，不愿与小人多生是非，如果一剑将那个屠夫刺死了，自己难以逃脱。因此，他甘受胯下之辱，他知道"小不忍则乱大谋"的道理，暂时忍受寂寞、饮尽孤独，等待一个可以施展自己一身才华的机会来临。

心理启示

孤独是一种崇高的人生境界，古人曾作的"百忍歌"中有这样的句子"忍得淡泊养精神，忍得勤劳可余积，忍得语言免是非，忍得争斗消仇冤"。孤独不是软弱，反而是一种包容。孤独也并不是妥协，而是一种胜利。在生活中，学会审视自己，根本没有理由对周围的一切都那么苛刻，要学会忍耐孤独，这样会让生活变得更加轻松。

参考文献

[1] 金翎. 内向者的完美口才打造计划[M]. 北京：中国商业出版社，2013.

[2] 骆川. 别让内向性格阻碍你：内向者的能量修习课[M]. 北京：中国华侨出版社，2013.

[3] 墨非. 别让太过内向误了你[M]. 北京：中国华侨出版社，2014.

[4] 庄立. 拥抱内向的自己[M]. 北京：中国华侨出版社，2016.